ニュートン式 超図解 最強に面白い!!

虚数

はじめに

虚数とは，「2乗するとマイナスになる数」です。中学校までに習うふつうの数では，プラス×プラスはプラスになり，マイナス×マイナスもプラスになります。つまり，0でない数を2乗する（2回かけあわせる）と，かならずプラスの数になります。したがって，ふつうの数の中には「2乗してマイナスになる数」などというものはみつかりません。いったいなぜ，ふつうの数とはことなる虚数という数を考える必要があったのでしょうか。

実は虚数は，科学の世界ではとても大きな役割をになっています。たとえば，ミクロな世界を物理学で解き明かそうとすると，虚数の計算が必要になります。さらには，私たちがくらす宇宙では，誕生時に「虚数時間」というものが流れていたという理論も提案されています。

本書では，とても不思議な数である虚数について“最強に”面白く紹介します。本書を読み終えるころには，虚数のありがたみが，きっと実感できることでしょう。虚数の世界をどうぞお楽しみください！

ニュートン式
超図解 最強に面白い!!

虚数

イントロダクション

1. こうして虚数が誕生した！

2. 虚数の“姿”をとらえる

3. 回転と拡大で複素数を計算！

4. 現代科学と虚数

イントロダクション

虚数とは，一見存在しないように思える不思議な数です。そんな数がいったいなぜ必要なのでしょうか？　イントロダクションでは，虚数なしには解くことのできない，16世紀イタリアで考案された問題を紹介します。

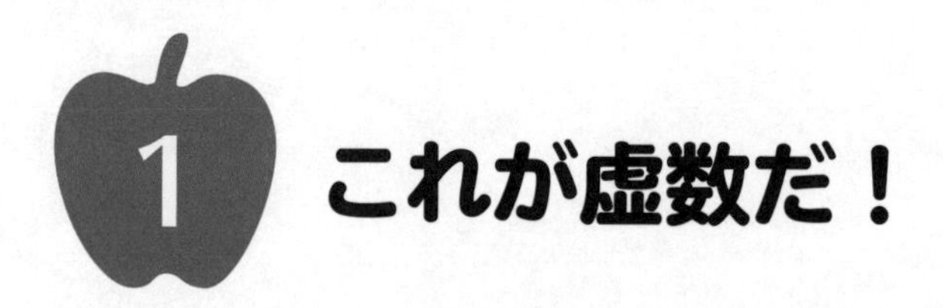

1 これが虚数だ！

まるでお化けのような数

虚数の「虚」という字を辞書で引くと，むなしい・からっぽの・うその，といった意味が並んでいます。虚数という字だけ見れば，「存在しない数」「本物ではない数」といった，まるでお化けのようなイメージをもつでしょう。

その名の通り，虚数はまさに「存在しない数」のようにみえます。虚数とは，「2乗するとマイナスになる数」だからです。

2乗するとマイナスになる数

「2乗する」とは，同じ数を2回かけあわせることです。たとえば，2を2乗した数は4です（$2^2=2\times2=4$）。では，どんな数を2乗すればマイナスの数になるでしょうか？

試しに，マイナスの数である-1を2乗すると，$(-1)^2=(-1)\times(-1)=+1$となり，マイナスにはなりません。もちろん，プラスの数を2乗しても，0を2乗しても，マイナスにはなりません。**プラスからマイナスまでの数をいくら調べても，「2乗するとマイナスになる数」など，どこにも見当たらないのです！**

2乗してマイナスになる数

－１の２乗は＋１です。＋１の２乗も＋１です。0の２乗は0です。2乗するとマイナスになる不思議な数が，虚数です。

$$(-1)\times(-1)=+1$$

$$(+1)\times(+1)=+1$$

$$0\times0=0$$

$$?\times?=-1$$

２乗すれば，どう考えてもプラスになるはず。マイナスになるなんて，そんな不思議な数字が，この世に本当に存在するのかしら……。

2 答のない問題が，虚数の誕生をもたらした

足して10，かけて40になる二つの数とは

16世紀に出版された，『アルス・マグナ』という数学の本に，次のような問題がのっています。「二つの数がある。これらを足すと10になり，かけると40になる。二つの数は，それぞれいくつか？」。

まず，5と5で考えましょう。5と5は足すと10ですが，かければ25ですから条件に合いません。**そこで，「5よりxだけ大きな数$(5+x)$」と，「5よりxだけ小さな数$(5-x)$」の組み合わせで，かけて40になる数をさがします。**中学校で習う公式$(a+b)(a-b)=a^2-b^2$を使えば，かけ算の答は$(5+x)(5-x)=5^2-x^2=25-x^2$になります。

虚数をもちだせば答のない問題にも答が出せる

x^2はかならずプラスの数ですから，$25-x^2$は25より小さな数になり，40には決して届きません。つまり，この問題には答がありません。ところが，『アルス・マグナ』には具体的な解が記されています。そこに登場するのが，「2乗してマイナスになる数」，すなわち「虚数」です。『アルス・マグナ』は，虚数をもちだせば答のない問題にも答が出せることをのべた，最初の本なのです。

答がないはずの問題

中学校までの数学なら「答がない」はずの問題。しかし『アルス・マグナ』には，具体的な解が書かれています。それこそが「2乗してマイナスになる数」，つまり「虚数」なのです。

『アルス・マグナ』に書かれた原文（ラテン語）

10を二つの部分に分け，それらの積（かけ算の答）が40になるようにせよ。

divide 10 in duas partes, ex quarum unius in reliquam ducto, produatur 40

$$A + B = 10$$

$$A \times B = 40$$

普通に考えると，AとBの数の組み合わせは，みつからないチュウ。

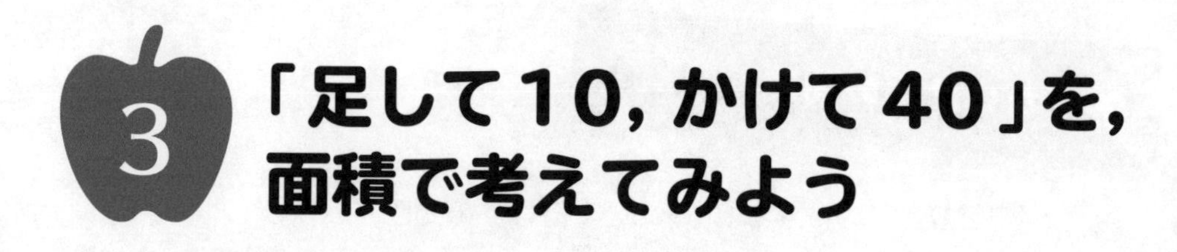

3 「足して10，かけて40」を，面積で考えてみよう

二つの数を四角形の「縦」と「横」の長さで考える

前ページの，「足して10，かけて40になる二つの数」に答がないことを，四角形の面積で確かめてみましょう。二つの数を四角形の「縦」と「横」の長さと考えます。**すると，「縦＋横＝10」，かつ「縦×横＝40（四角形の面積）」となる四角形を探せばよいわけです。**

まずは正方形で考えてみます。「縦＋横＝10」なので，縦と横は5となります。このとき面積は25となりますから，問題の条件を満たしていません。

長方形の中で面積が最大になるのは正方形

次に「縦＋横＝10」となる長方形を考えてみましょう。たとえば縦7×横3の長方形の面積は21となります。縦2×横8の長方形の面積は16です。**このように「底辺＋高さ＝10」となる長方形は，いずれも面積が25より小さくなります。** つまり，「底辺＋高さ＝10」の長方形の中で面積が最大になるのは正方形なのです。

このことから，「底辺と高さの合計が10で，面積が25をこえる長方形は存在しない」ということがわかります。つまり，面積で考えると，この問題には答が出せません。

四角形の問題で考えてみる

「足して10，かけて40になる二つの数字」には答がないことを，「縦＋横＝10」となる四角形の面積で考えてみます。面積は，正方形の場合に25で最大となります。面積が40となる四角形は存在しません。

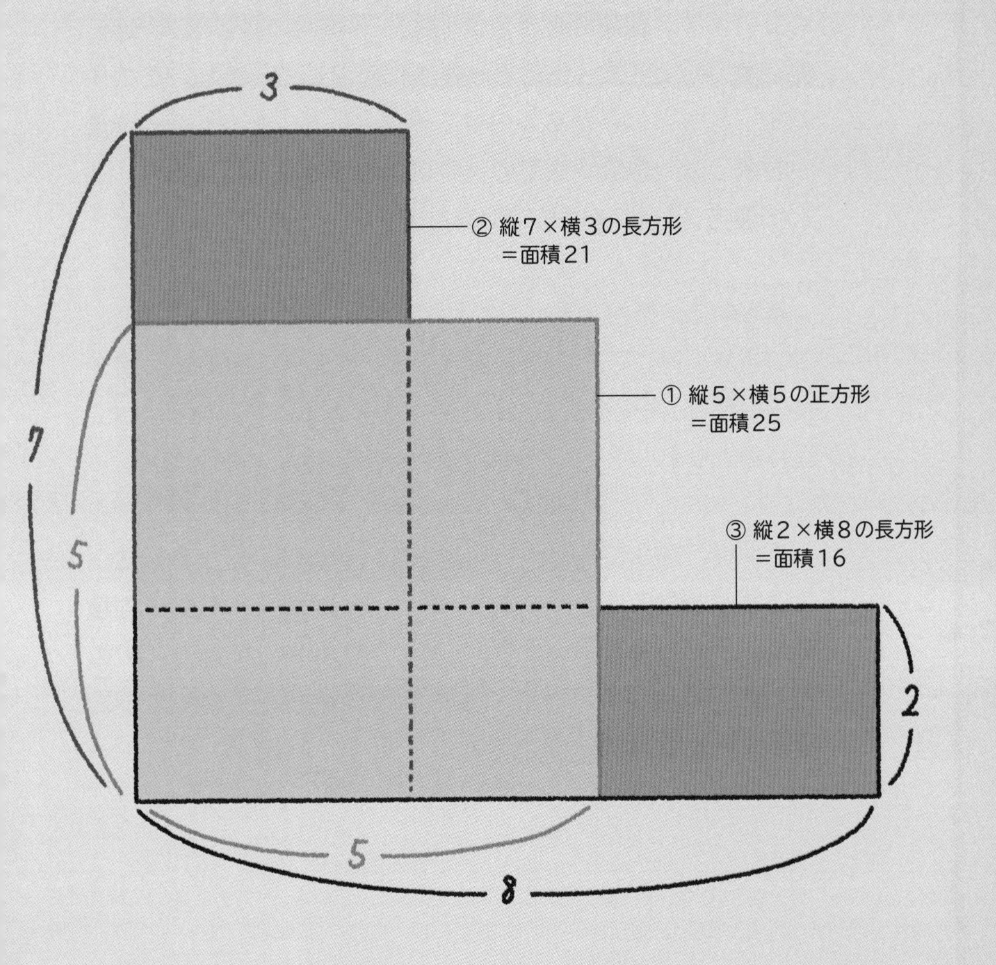

面積をあらわす日本の単位

日本では，土地の面積をあらわすのに，旧来の単位が使われています。**部屋の大きさは「畳（じょう）」，住宅地の広さなら「坪（つぼ）」，農地は「畝（せ）」や「反（たん）」がごく一般的に通用しています。**この中でもっともなじみがあるのは，畳でしょう。しかし実は1畳の面積には，地域や住宅の種類によって4～5種類あり，約1.45平方メートル～約1.82平方メートルと幅があります。

畳の中で，最も大きいのが「京間」で，関西を中心に普及しています。「江戸間」は，材料を節約するために，1間（畳の長辺の長さ）を短くしてつくられたと考えられています。また，江戸間よりも小さい「団地間」や「中京間」などもあります。

1坪は，約3.3平方メートルです。これは，畳を2枚並べた面積が由来になっています。坪と同じ面積で，農地の面積単位に使われる単位が「歩（ぶ）」です。30歩（坪）が1畝，10畝が1反，10反が1町です。**1町は約1ヘクタール（約10000平方メートル）に相当します。**

土地の面積をあらわす単位

		面積
畳	京間	約1.82平方メートル
	中京間	約1.66平方メートル
	江戸間	約1.55平方メートル
	団地間	約1.45平方メートル
坪・歩		約3.31平方メートル
畝		約99.17平方メートル（30坪）
反		約991.74平方メートル（10畝）
町		約9917.36平方メートル（10反）

1. こうして虚数が誕生した！

2乗するとマイナスになる数，すなわち虚数を使えば，答がないとされてきた問題にも答られます。そのことに気づいたのは，16世紀のイタリアの数学者，ジローラモ・カルダノでした。第1章では，虚数がどのようにして生まれたのかを紹介します。

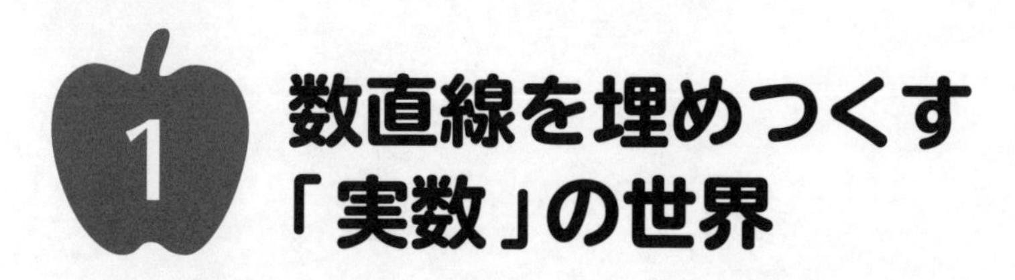

1 数直線を埋めつくす「実数」の世界

数学における人類最初の大発見「自然数」

虚数の発見にいたるまで，人類はどのような道のりを歩んできたのでしょうか。その歴史を簡単にみてみましょう。**数学における人類最初の大発見は，1，2，3……という自然数（正の整数）の発見でしょう。**数の概念が生まれ，大きな数をあつかえるようになりました。しかし，たとえば長さを数であらわそうとすると，1と2の間の長さや，3と4の間の長さをあらわす言葉が必要です。そうして，$\frac{2}{3}$や$\frac{1}{4}$など分数であらわされる数（有理数）が，生みだされたのでしょう。

数直線の外にある数「虚数」を発見

その後，分子と分母が整数となる分数ではあらわせられない数が発見されました。円周率πや2の平方根（$\sqrt{2}$）など，小数であらわすと，小数点以下の数字が決して循環することなく無限につづく仲間です。これを「無理数」といいます。**そして，ゼロやマイナスの数までも数の仲間に含め，有理数と無理数を合わせた数全体のことを「実数」としました。**実数によって，数をあらわす「数直線」をすべて埋めつくすことができたのです。

さらに人類は数直線の外にある数まで発見しました。その数こそ，本書のテーマである「虚数」なのです。

数の世界の拡張

人類は，１，２，３…という自然数をはじめとして，有理数，無理数，負の数を発見してきました。これらの数を実数といいます。さらに人類は実数の外にある「虚数」までも発見しました。

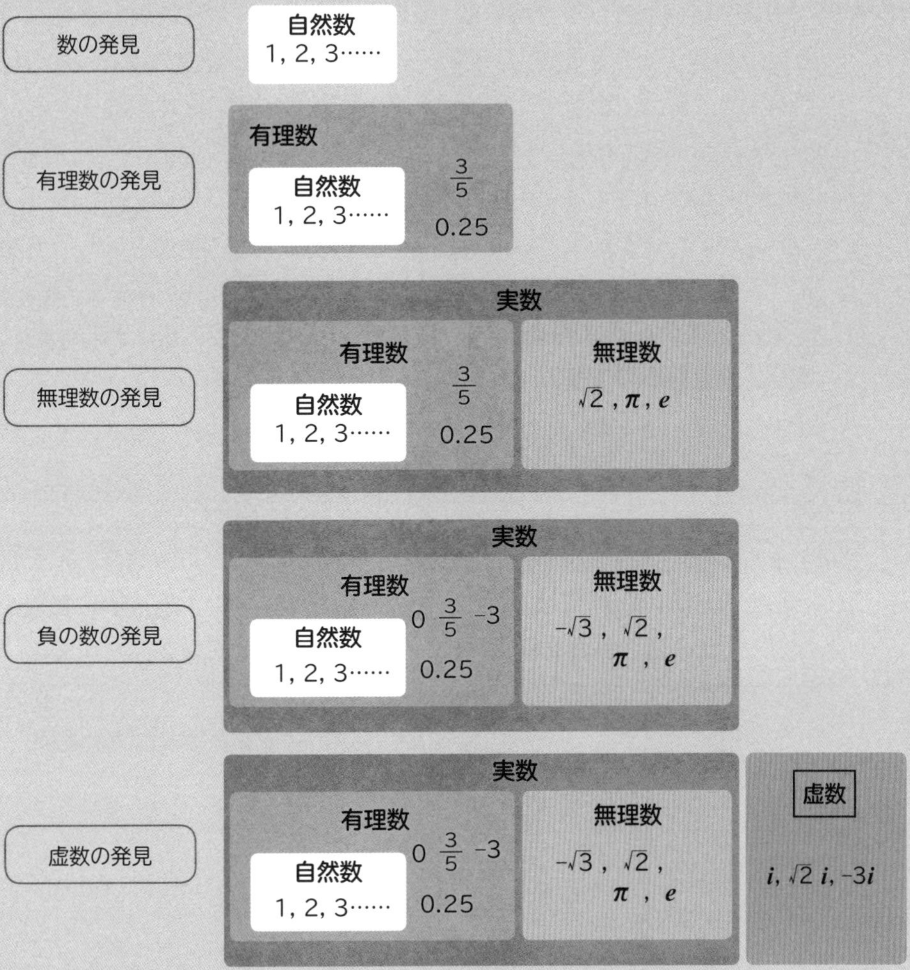

数の発見

自然数
1, 2, 3……

有理数の発見

有理数
自然数
1, 2, 3……
$\frac{3}{5}$
0.25

無理数の発見

実数
有理数
自然数
1, 2, 3……
$\frac{3}{5}$
0.25
無理数
$\sqrt{2}$, π, e

負の数の発見

実数
有理数
自然数
1, 2, 3……
0 $\frac{3}{5}$ −3
0.25
無理数
$-\sqrt{3}$, $\sqrt{2}$,
π, e

虚数の発見

実数
有理数
自然数
1, 2, 3……
0 $\frac{3}{5}$ −3
0.25
無理数
$-\sqrt{3}$, $\sqrt{2}$,
π, e
虚数
i, $\sqrt{2}\,i$, $-3i$

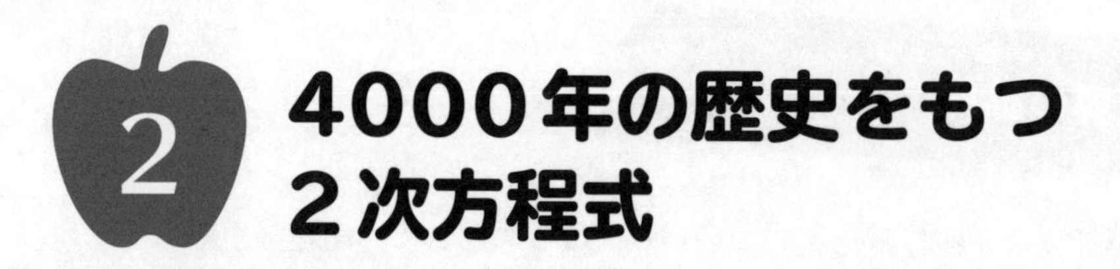

2 4000年の歴史をもつ2次方程式

2次方程式の考え方は古くからある

イントロダクションで紹介した「足して10，かけて40になる二つの数は何か」という問題は，$25-x^2=40$という「2次方程式」として考えることができます（12ページ）。「2次方程式」とは，移項をしたり同類項をまとめたりして，

$ax^2+bx+c=0$（$a \neq 0$）

という形に変形できる方程式のことです。

2次方程式の考え方は古くからあります。**なんと約4000年も前の古代メソポタミア文明の粘土版「BM13901」に，2次方程式の問題が書かれているのです。**

方程式$x^2-x=870$を解け

粘土板BM13901には次のように記されています。「正方形の面積から，その1辺の長さを引いたら870であった。その正方形の1辺の長さを求めよ」。

これを現代風に書けば，「方程式$x^2-x=870$を解け」となります。

（次のページにつづきます）

古代の２次方程式

古代メソポタミア文明の粘土版には，「正方形の面積からその１辺の長さを引いたら，870であった。その１辺の長さを求めよ」という２次方程式の問題が書かれていました。これを数式になおすと，$x^2-x=870$ と書くことができます。

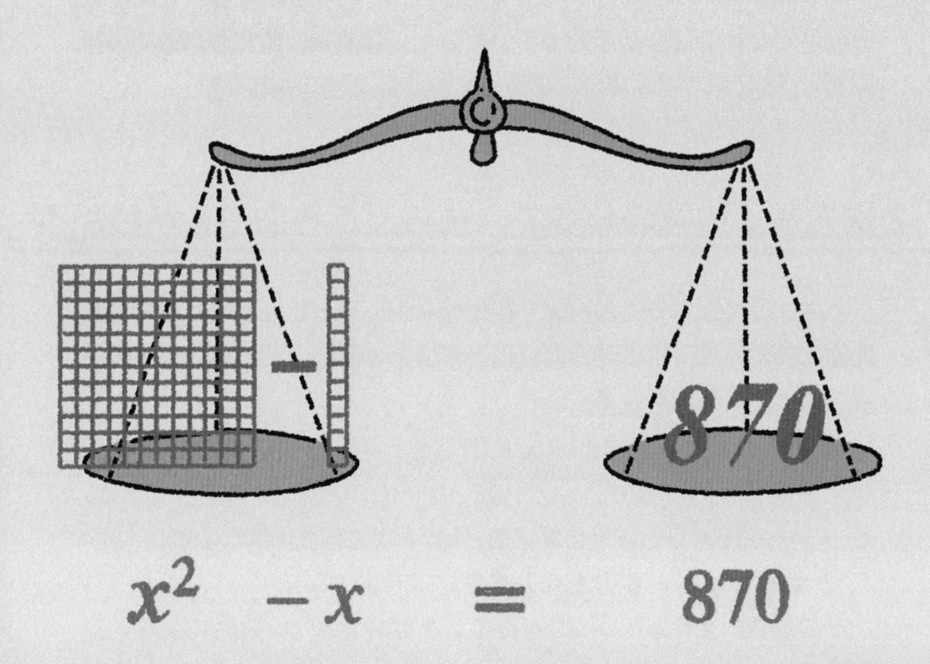

古代メソポタミアの時代には，方程式は通常の文章の形で書かれていたのね。

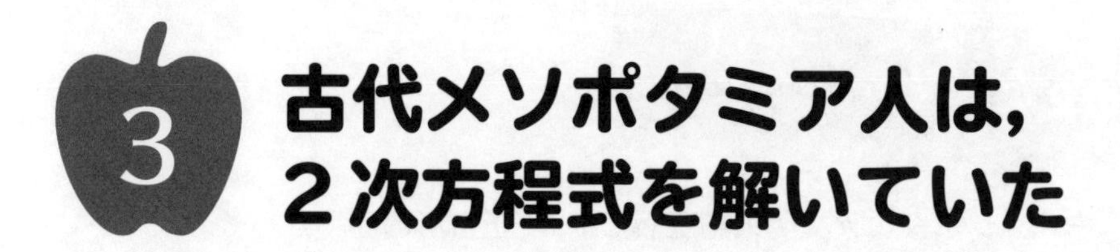

3 古代メソポタミア人は，2次方程式を解いていた

メソポタミア人は必勝法を知っていた

約4000年前の古代メソポタミア人は，2次方程式の答えを簡単にみつけるための必勝法を知っていました。**それは，私たちが数学の授業で学ぶ「2次方程式の解の公式」と本質的に同じものです。**

2次方程式の解の公式で，たちどころに答えがわかる

2次方程式の解の公式とは，右のページに示した公式です。**一見複雑な2次方程式でも，この公式に当てはめるだけで，たちどころに答を求めることができます。**

先ほどの2次方程式$x^2 - x = 870$を2次方程式の解の公式で解いてみましょう。まず，$ax^2 + bx + c = 0$ の形にします。すると，$x^2 - x - 870 = 0$となります。あとは，2次方程式の解の公式に，$a = 1$，$b = -1$，$c = -870$を代入するだけです。

その結果，$x = 30$，-29を得ることができます。BM13901に記されていたのは，1辺の長さを求めよ，という問題だったので，答は正の数になるはずです。よって，問題の答は30と求められます。

2次方程式の解の公式

前ページで紹介した$x^2-x=870$という2次方程式を，2次方程式の解の公式で解いてみます。方程式を$ax^2+bx+c=0$の形にして，a，b，cの値を公式に代入するだけで簡単に答を求めることができます。

この方程式は，「$x^2-x-870=0$」と書き直せます。下の2次方程式の解の公式に，$a=1$，$b=-1$，$c=-870$を代入します。

$$x=\frac{-b\pm\sqrt{b^2-4ac}}{2a}$$ ……2次方程式の解の公式

$$=\frac{-(-1)\pm\sqrt{(-1)^2-4\times(1)\times(-870)}}{2\times(1)}$$

$$=\frac{1\pm\sqrt{3481}}{2}=\frac{1\pm59}{2}=30,-29$$

答　1辺の長さは正の数になるはずなので，答は30

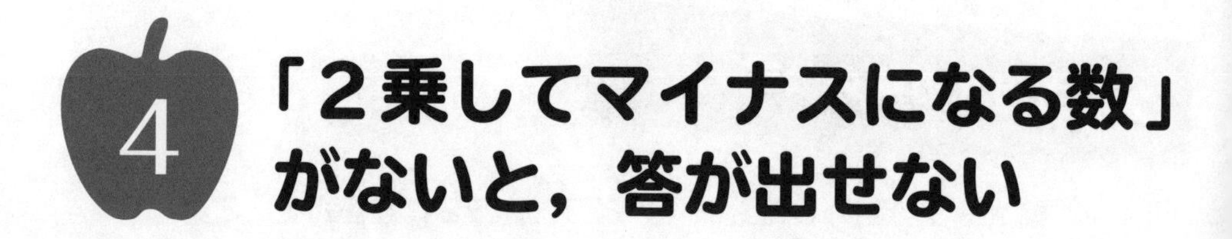

「2乗してマイナスになる数」がないと，答が出せない

マイナスの数が受け入れられるようになった

ヨーロッパでは長らく「マイナス（負）の数」の概念がなく，たとえば「7－9」という引き算に答を出すことができませんでした。しかし，インドで6世紀に発明された「ゼロ」を輸入し，マイナスの数が受け入れられるようになると，「7－9」という引き算に「－2」という答が出せるようになりました。**こうして，実数の四則演算（足し算，引き算，かけ算，割り算）の答が，必ず実数の範囲でみつかるようになりました。**

2次方程式の答が，実数の中にみつからない

しかし，実数だけではどうしても答が出せない問題が存在しました。イントロダクションで紹介した「足して10，かけて40となる二つの数とは何か？」という問題が，まさにそれです。12ページで紹介したように，この問題は「$25-x^2=40$となるxを求めよ」と書き直せます。さらに式を変形すれば，「$x^2=-15$」です。つまり，「2乗して－15になる数をさがせ」ということです。しかし実数の中には，2乗してマイナスになる数は存在しません。したがって，この2次方程式の答は，実数の中には決してみつかりません。**2乗してマイナスになる数（虚数）がないと，答が出せないのです。**

実数だけでは解けない問題

実数の四則演算の答は，必ず実数の範囲でみつかるようになりました。しかし，2次方程式の中には，実数だけでは答が出せない問題が存在しました。

$$25 - x^2 = 40$$

$$x^2 = -15$$

2乗してマイナスになる実数は存在しない

→この問題の答は，実数の中にない

二次方程式には，実数の中に答がみつかる場合と，実数の中に答がみつからない場合があるんだチュウ。

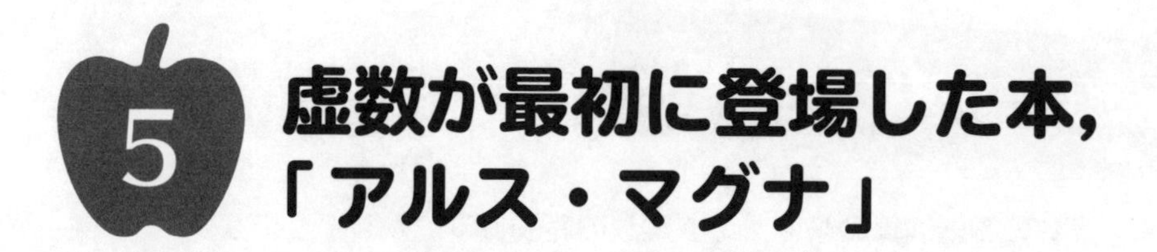

5 虚数が最初に登場した本，「アルス・マグナ」

16世紀イタリアの数学者たちが，数学を発展させた

中世ヨーロッパの数学を大きく発展させた主役は，16世紀イタリアの数学者たちでした。その一人が，ミラノの医師で数学者だったジローラモ・カルダノ（1501～1576）です。カルダノは，同じ時代に生きた数学者ニコロ・フォンタナ（別名タルタリア，1499～1557）の発明した「3次方程式の解の公式」を研究し，1545年に出版した数学書『アルス・マグナ（大いなる技法）』の中で紹介しました。

『アルス・マグナ』に虚数が登場

『アルス・マグナ』には，3次方程式や4次方程式の解法や練習問題などが記されています。この本はのちに広く読まれたため，タルタリアが発明したはずの3次方程式の解の公式は，今では「カルダノの公式」とよばれています。**この『アルス・マグナ』こそ，「2乗してマイナスになる数」，すなわち虚数が登場する最初の本です。**

はじめて虚数が登場した書物

ミラノの数学者，ジローラモ・カルダノは，数学書『アルス・マグナ』を出版しました。この本には，「２乗してマイナスになる数」，つまり虚数がはじめて登場します。

『アルス・マグナ（大いなる技法）』
カルダノが1545年に書いた数学の本です。3次方程式や4次方程式の解法や，それを使って解くことのできる練習問題などがしるされています。

ミラノの医師・数学者。確率論や静力学でも成果をあげた万能人です。しかし，私生活では賭博で身をほろぼしました。最後には自分の死期を予言し，その正しさを証明するために断食して予言通りの日に死んだといいます。

ジローラモ・カルダノ
（1501 ～ 1576）

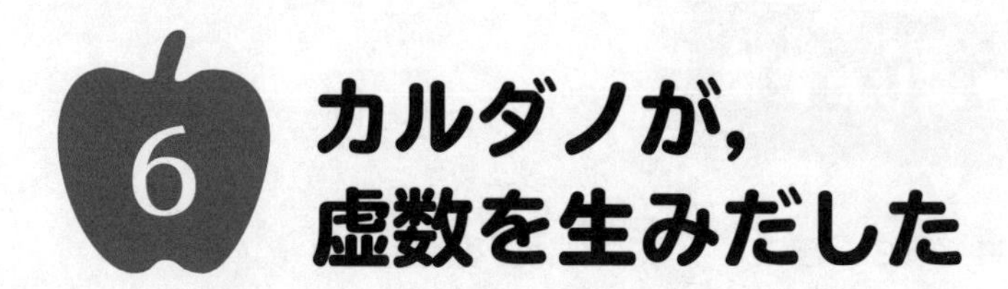

6 カルダノが，虚数を生みだした

「$5+\sqrt{-15}$」と「$5-\sqrt{-15}$」が答だと書いた

カルダノは，数学書『アルス・マグナ』の中で「足して10，かけて40になる二つの数は何か？」という問題を取り上げました。ふつうの数（実数）の中には，この問題の答はみつかりません。しかし，カルダノは，右のページのような解き方を示し，**「$5+\sqrt{-15}$」と「$5-\sqrt{-15}$」が答だと書いたのです。**

二つの数は確かに条件を満たす

さらにカルダノは，アルス・マグナに次のように記しました。「精神的な苦痛を無視すれば，この二つの数のかけ算の答は40となり，確かに条件を満たす」。**こうしてカルダノは，$\sqrt{-15}$という虚数をもちだせば，問題に答が出せることを示したのです。**しかし，次のように書き添えてもいます。「これは詭弁的であり，数学をここまで精密化しても実用上の使い道はない」。

虚数を使うカルダノの方法

カルダノは,「足して10, かけて40になる二つの数字は何か？」という問題に対して，虚数を使うことで答を導きだしました。

カルダノの解き方

問題 足して10，かけて40になる二つの数を求めよ

解き方
「5よりxだけ大きな数」と「5よりxだけ小さな数」の組み合わせで，かけて40になる数を探す。二つの数を（5+x），（5−x）と置けば,

$$(5+x)\times(5-x)=40$$

中学校で習う公式$(a+b)\times(a-b)=a^2-b^2$ を使って左辺を変形すると,

$$5^2-x^2=40$$

$5^2=25$なので $$25-x^2=40$$

移項すると $$x^2=-15$$

xは「2乗して−15 になる数」となります。カルダノは「2乗して−15 になる数」を「$\sqrt{-15}$」と書きました。そして,「5よりxだけ大きな数」と「5よりxだけ小さい数」の組み合わせである,「$5+\sqrt{-15}$」と「$5-\sqrt{-15}$」を，問題の答として本に記しました。

答 二つの数は,

$5+\sqrt{-15}$ と $5-\sqrt{-15}$

『アルス・マグナ』に書かれた答
当時はルート記号（$\sqrt{\ }$）がなく，根を意味するラテン語Radixに由来する記号「Rx」が使われた。またプラス記号は「p:」，マイナス記号は「m:」でした。

5 p: Rx m: 15
5 m: Rx m: 15

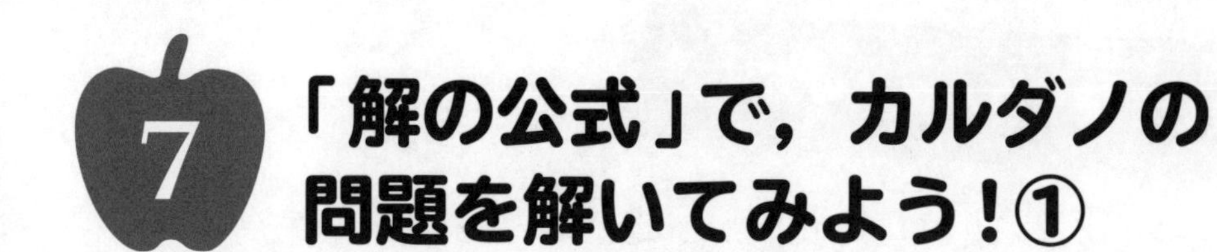

7 「解の公式」で，カルダノの問題を解いてみよう！①

Aだけの2次方程式にする

カルダノの問題は，「足して10，かけて40になる二つの数を求めよ」というものです。ここでは，25ページで紹介した，2次方程式の解の公式を使ってこの問題を解いてみましょう。

二つの数をA，Bとしてこの問題を式で書くと，

$A+B=10$ ……①

$A \times B=40$ ……②

未知の数が二つあると解けないので，②の式からBを消します。**①を変形した$B=10-A$を②に代入すれば，Bが消えて，Aだけの2次方程式「$A \times (10-A)=40$」になります。**

式を「$aA^2+bA+c=0$」の形になおす

そして，このAだけの二次方程式を，2次方程式の解の公式が使えるように，「$aA^2+bA+c=0$」の形になおします。すると

$$-A^2+10A-40=0$$

となります。次のページにつづきます。

解の公式を使う準備

カルダノの問題の答えをAとBと置いて，解いていきます。まずは，2次方程式の解の公式が使えるように，「$aA^2+bA+c=0$」の形にします。

問題　足して10，かけて40になる二つの数を求めよ

解き方

$$A+B=10 \quad \cdots\cdots ①$$
$$A\times B=40 \quad \cdots\cdots ②$$

未知の数が二つあると解けないので，②の式からBを消そう。
①を変形した$B=10-A$ を②に代入すれば，Bが消えて，Aだけの２次方程式になります。

$$A\times(10-A)=40$$

カッコを外すと

$$A\times 10-A\times A=40$$

解の公式が使えるように，式を「$aA^2+bA+c=0$」の形になおすと，

$$-A^2+10A-40=0$$

「解の公式」で，カルダノの問題を解いてみよう！②

公式に，$a=-1$，$b=10$，$c=-40$を代入する

前ページで導いた2次方程式

$-A^2+10A-40=0$

を,「2次方程式の解の公式」を使って解きます。**公式に,$a=-1$,$b=10$，$c=-40$を代入すると，右のページのようにA＝$5\pm\sqrt{-15}$が求まります。**

「$A=5\pm\sqrt{-15}$」からBの値を求める

今度は，$B=10-A$を使って，Bの値を考えます。すると$A=5+\sqrt{-15}$のとき，$B=5-\sqrt{-15}$となります。一方，$A=5-\sqrt{-15}$のときは，$B=5+\sqrt{-15}$です。**したがって，求める二つの数は$5+\sqrt{-15}$と，$5-\sqrt{-15}$であることがわかります。**

2次方程式の解の公式を使う

2次方程式$-A^2+10A-40=0$を2次方程式の解の公式を使って解きます。公式に，$a=-1$，$b=10$，$c=-40$を代入すると，解が出ます。

$$A=\frac{-b\pm\sqrt{b^2-4ac}}{2a}$$

$a=-1$，$b=10$，$c=-40$を代入すると

$$=\frac{-10\pm\sqrt{10^2-4\times(-1)\times(-40)}}{2\times(-1)}$$

$$=\frac{-10\pm\sqrt{100-160}}{-2}=\frac{-10\pm\sqrt{-60}}{-2}$$

$$=\frac{-10\pm\sqrt{4\times(-15)}}{-2}=5\pm\sqrt{-15}$$

$B=10-A$より，

$A=5+\sqrt{-15}$のとき，$B=5-\sqrt{-15}$となり，

$A=5-\sqrt{-15}$のとき，$B=5+\sqrt{-15}$となります。

答　二つの数は　$5+\sqrt{-15}$　と　$5-\sqrt{-15}$

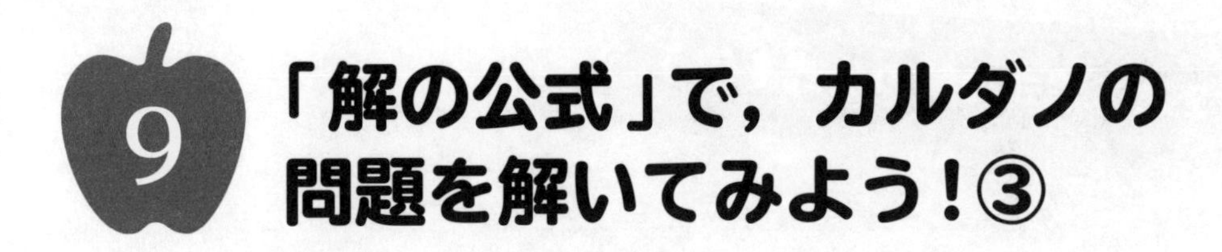

9 「解の公式」で，カルダノの問題を解いてみよう！③

二つの数が正しいか確認する

「足して10，かけて40になる二つの数を求めよ」というカルダノの問題を，「2次方程式の解の公式」を使って計算すると，二つの数は，

$5+\sqrt{-15}$　と　$5-\sqrt{-15}$

になりました。これが本当に正しいか，確認しましょう。

求めた数は足して10，かけて40になる

まず，二つの数を足して10になるかを確認しましょう。

$(5+\sqrt{-15})+(5-\sqrt{-15})=10$

となり，二つの数を足すと10になります。

次に，かけて40になるかを確認しましょう。

$$(5+\sqrt{-15})\times(5-\sqrt{-15})=5^2-(-15)$$
$$=40$$

となり，40になります。

$5+\sqrt{-15}$　と　$5-\sqrt{-15}$　は，カルダノの問題の解であることが確認できました。

実際に計算して確認する

まず，二つの数を足して10になるか，そして次に，ふたつの数をかけて40になるかをそれぞれ計算して，カルダノの問題の解が正しいかどうかを確かめます。

答

二つの数は，$5+\sqrt{-15}$ と $5-\sqrt{-15}$

確認

足して10になるか？

$$(5+\sqrt{-15})+(5-\sqrt{-15})=10$$

かけて40になるか？

$$(5+\sqrt{-15})\times(5-\sqrt{-15})=5^2-(-15)$$
$$=40$$

足せば10になって，かければ40になったわ。答がなさそうな二次方程式も，虚数を使えば，解が求められるのね。

答が虚数の方程式

スマートフォンを使っている伊東くんに，酒井くんが話かけています。

酒井：なにをやってるんだい？

伊東：ゲームにはまっちゃってさ。これがおもしろいんだ。

酒井：どんなゲーム？

伊東：二つのキャラクターを合成して新しいキャラクターをつくりだすんだ。合成前のキャラクターには，能力を示す数字がついてて，その数字の足し算が，新しいキャラクターの攻撃力に，かけ算が防御力になるんだ。

Q 足して20，かけて120になる二つの数を求めてください。

昨日新しくできたキャラクターは，攻撃力が20で，防御力が120だったよ。

酒井：それってもとの二つのキャラクターの能力はいくつだったの？　足して20でかけて120なんて数字あるかな。

伊東：忘れちゃったけど，2次方程式を使えばわかるんじゃないかな。

酒井：そういえば伊東は数学が得意だったな……。

さて，二つのキャラクターの能力を示す数字は何と何だったのでしょうか？

答は虚数？

A

$10+2\sqrt{-5}$ と $10-2\sqrt{-5}$

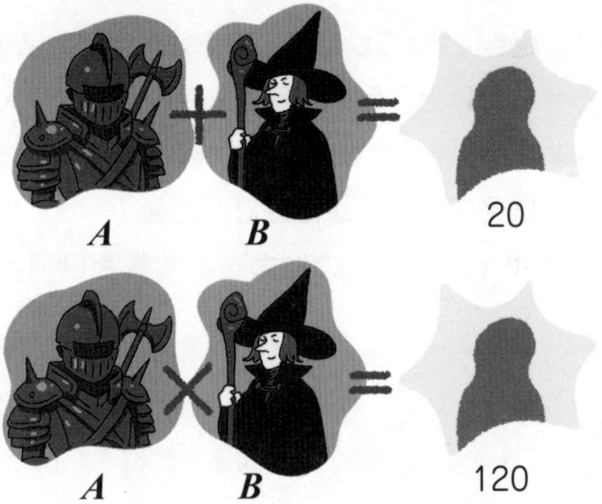

A B 20

A B 120

まず，二つの数を A と B と置きます。足して20，かけて120になるので，次のようにあらわせます。

$A+B=20$，$A\times B=120$

次に，B を A を使ってあらわします。

$A+B=20$ から $B=20-A$ とわかります。

これを $A\times B=120$ に代入すると

$A\times(20-A)=120$ となり，かっこをはずすと

$A\times 20-A\times A=120$ で，

$-A^2+20A-120=0$ です。

2次方程式の解の公式を使って計算

$-A^2+20A-120=0$ に対して，2次方程式の解の公式を使います。

$$A=\frac{-b\pm\sqrt{b^2-4ac}}{2a}$$

$$=\frac{-20\pm\sqrt{20^2-4\times(-1)\times(-120)}}{2\times(-1)}$$

$$=\frac{-20\pm\sqrt{400-480}}{-2}=\frac{-20\pm\sqrt{-80}}{-2}$$

$$=\frac{-20\pm\sqrt{4\times(-20)}}{-2}=10\pm\sqrt{-20}=10\pm2\sqrt{-5}$$

上に示したように，2次方程式の解の公式を使うと，

$A=10\pm2\sqrt{-5}$ となります。

さらに，$B=20-A$ を使うと，

$A=10+2\sqrt{-5}$ のとき $B=10-2\sqrt{-5}$，

$A=10-2\sqrt{-5}$ のとき $B=10+2\sqrt{-5}$　となります。

したがって二つの数は，$10+\sqrt{-20}$ と $10-\sqrt{-20}$ です。

酒井：これって，どちらも虚数じゃないか。能力が虚数って，
　　　強いのか弱いのかわからないな。

伊東：なんとなく，魔法みたいな力なんじゃないかな。

10 デカルトは，虚数を「想像上の数」とよんだ

デカルトは，虚数に否定的だった

カルダノの本に登場した「マイナスの数の平方根」は，すぐに数学者たちに受け入れられたわけではありませんでした。

たとえば，フランスの哲学者で数学者だったルネ・デカルト（1596～1650）は，虚数に否定的な立場でした。

虚数を「想像上の数」とよんだ

デカルトは，「マイナスの数の平方根」は図にえがけないと結論し，否定的な意味をこめて「想像上の数（フランス語で numbre（ノンブル） imaginaire（イマジネール））」とよびました。**これが，虚数を意味する英語「imaginary number」の語源です。**

なお「虚数」という訳語は，19世紀までに中国で使われ，その後日本へと輸入されたようです。

最初は否定された虚数

ルネ・デカルトは虚数のことを「想像上の数」とよびました。その根拠は「マイナスの数の平方根は図にえがけないから」です。そこには，否定的な意味がこめられていました。

ルネ・デカルト
（1596～1650）

虚数は「想像上の数」
「われ思う，ゆえにわれあり」で知られるフランスの哲学者ルネ・デカルトは，「すべての図形の問題は計算の問題に置きかえることができる」とのべた最初の数学者として知られます。デカルトは負の数の平方根を「nombre imaginaire（フランス語で想像上の数）」とよびました。

nombre imaginaire
imaginary number

デカルトは，虚数に否定的だったのです。

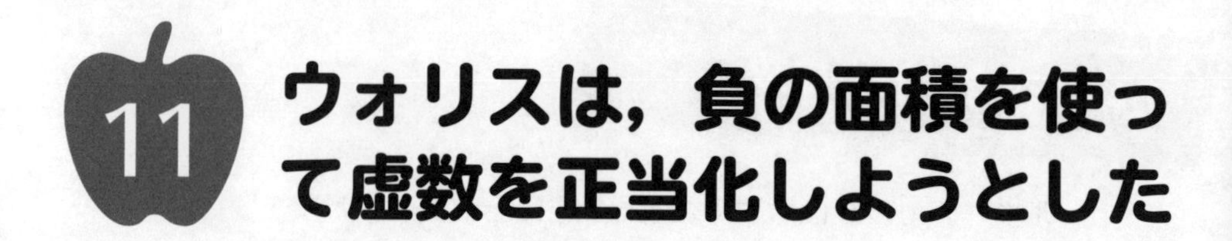

11 ウォリスは，負の面積を使って虚数を正当化しようとした

負の面積をもつ正方形の１辺の長さは？

無限大の記号「∞」をつくったことでも知られるイギリスの数学者，ジョン・ウォリス（1616～1703）は，次のような話をもちだして，虚数の存在を正当化しようとしました。

「ある人が面積1600の土地を得たが，その後に面積3200の土地を失った。全体として得た面積は－1600とあらわせる。この土地が正方形をしていたとすれば，その１辺の長さというものがあるはずである。40ではないし，－40でもない。**１辺の長さは負の平方根，すなわち，$\sqrt{-1600}=40\sqrt{-1}$である**」。

虚数を認めようとしたウォリス

これは詭弁ともいうべきものであり，真に受けなくてもよい話です。しかし，虚数をどうにかして認めようとしたウォリスの努力をうかがい知ることができます。

「失った土地」という問題

虚数に否定的な考えを示したデカルトに対し，イギリスの数学者ジョン・ウォリスは，「失った土地」の面積にまつわる問題を示して，虚数をなんとかして認めようと努力しました。

失った土地の１辺は虚数？
イギリスの数学者，ジョン・ウォリスは，負の面積をもつ土地の１辺の長さを考えることで，虚数の存在を正当化しようとしました。

ジョン・ウォリス
（1616～1703）

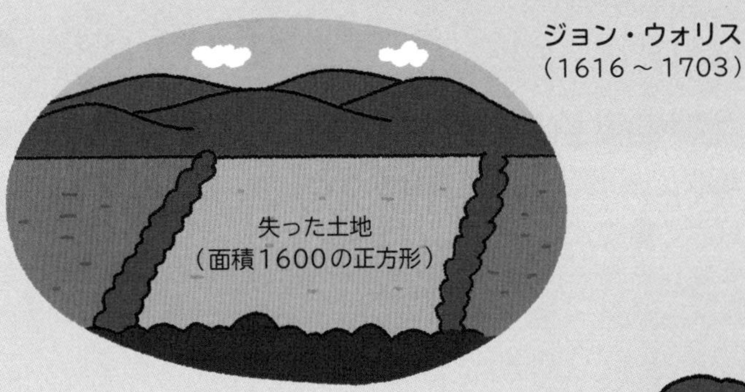

ウォリスのように，どうにか虚数の意味を認めようとした学者もいたのね！

12 オイラーは，虚数をあらわす記号に「i」を使った！

虚数をひるまずに探究したオイラー

否定的にとらえられていた虚数を，ひるまずに探究したのが，スイス生まれの大数学者レオンハルト・オイラー（1707～1783）です。オイラーは，虚数がもつ重要な性質を，天才的な計算能力で解き明かしていきました。**「−1の平方根」，すなわち$\sqrt{-1}$を「虚数単位」と定め，その記号をimaginaryの頭文字から「i」としたのもオイラーです。**

「世界で一番美しい数式」にたどりつく

オイラーは，長い研究の末，「世界で一番美しい数式」とよばれる，「オイラーの等式：$e^{i\pi}+1=0$」にたどりつきました。**最も基本的な自然数「1」，インドで発明された「ゼロ」，円周率「$\pi=3.14\cdots\cdots$」，自然対数の底「$e=2.71\cdots\cdots$」という，別個の由来をもつ四つの重要な数が，「虚数単位i」を介することで，たった一つの数式で簡潔に結ばれるのです。**

虚数に取り組んだオイラー

否定的に受け止められていた虚数を熱心に探究したのが，スイスの数学者レオンハルト・オイラーです。オイラーは虚数の性質を解明し，$\sqrt{-1}$を「虚数単位」iと定めました。

虚数単位iを定めたオイラー
1748年に「オイラーの公式」を発見した数学者です。1738年に右目を失明し，1766年に全盲となりました。しかし，驚異的な論文執筆・著作のペースはおとろえるどころか，生涯の著作の半分以上が，全盲となった後に口述筆記によって残されたものだといいます。

レオンハルト・オイラー
（1707～1783）

オイラーの等式

$$e^{i\pi}+1=0$$

約束をやぶったカルダノ

3次方程式の解法は「カルダノの公式」と名付けられているが…
この本にのっています
解法を最初に発見したのは、フォンタナ（別名タルタリア）だった
教えてあげるけど公表しちゃだめ！
フォンタナから「絶対公表するな」と言われていたのに、カルダノは公表してしまった。
よくも約束を破ったな！
フォンタナは激怒。数学の問題を出し合う公開討論の挑戦状をたたきつけた！
しかし、カルダノは討論の場に現れなかった
カルダノが答えを出したのは5か月後。しかもほとんどまちがっていたという

虚数は現代生活に欠かせない

カルダノは「足して10、かけて40になる数を求めよ」という問題の答を得ていた

しかし、負の平方根は当時考えられていなかったので

このような数は詭弁！
解も役に立たず理解できない！

と考えていた。

そして現在。量子力学から電気回路の設計など、虚数は欠かせないものになっている。

スマホ
量子力学
車・電車
電気回路

3DCGで立体を回転する計算にも虚数が使われている。ゲームをするときはカルダノに感謝を！

2. 虚数の“姿”をとらえる

虚数は，視覚的にイメージできないため，なかなか受け入れられませんでした。しかし，ガウスらは，「虚数は数直線の外にある」という画期的なアイデアに至り，その結果，虚数はついに市民権を得たのです。第2章では虚数の姿をとらえる方法について，紹介していきます。

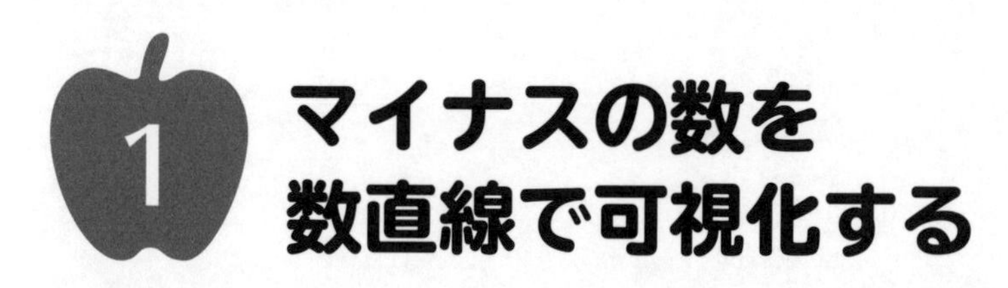

1 マイナスの数を数直線で可視化する

視覚的にイメージできないものを人は受け入れない

オイラーが虚数の重要性を示したあとも，虚数の存在を認めない者は多くいました。**なぜなら，プラスの数なら「個数」や「線の長さ」としてイメージできますが，虚数にはそれができないからです。**いくら重要だといわれても，視覚的にイメージできないものを，人はなかなか受け入れられないのです。

実数は数直線にあらわせる

実数は,「個数」や「線の長さ」としてあらわすことができます。正の実数は，ゼロを表す点（原点）から右向きの矢印，負の実数は，反対向きの矢印をかけばいいのです。

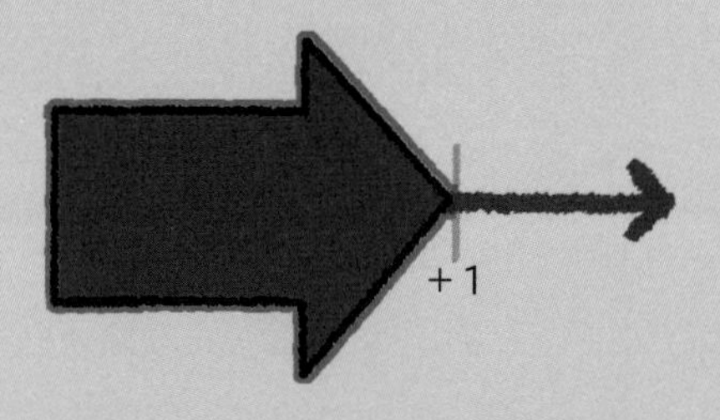

正の実数は，「右向きの矢印」
右向きに，適当な長さの矢印を一つえがきます。この矢印を「＋1」とし，プラスの数の単位と定めれば，これを基準にしてさまざまなプラスの数を図にえがくことができます。

「数直線」の発明により人々はマイナスの数を受け入れた

当時のヨーロッパの人々は，同じ理由で，「マイナスの数」も認めていませんでした。「－3個のリンゴ」や「－1.2メートルの棒」をイメージすることはできないからです。

マイナスの数を可視化する方法を発明したのは，フランスの数学者アルベール・ジラール（1595～1632）です。**ジラールは，ゼロを示す原点から右にのびる矢印でプラスの数をあらわすなら，マイナスの数はその反対（左）にのびる矢印としてあらわせる，と主張しました。**これが，実数全体をあらわす「数直線」の発明となりました。こうして，ヨーロッパの人々はマイナスの数をようやく受け入れるようになったのです。

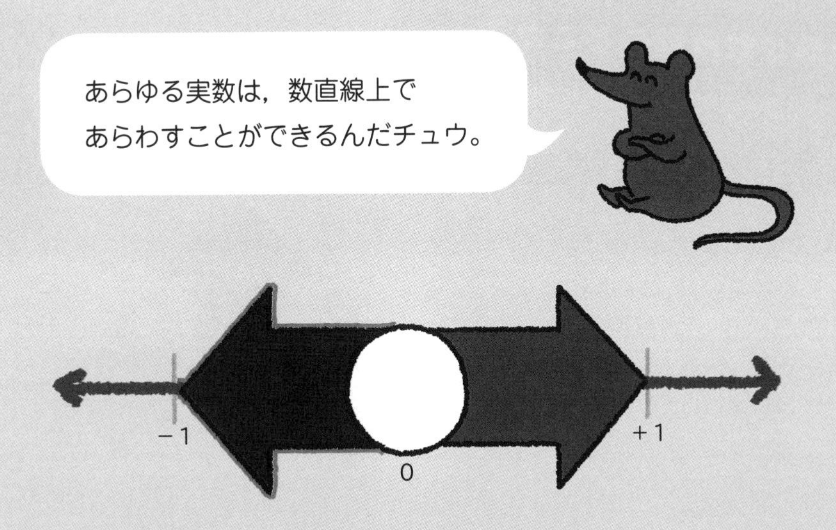

あらゆる実数は，数直線上で
あらわすことができるんだチュウ。
－1
0
+1

負の実数は，「左向きの矢印」
ゼロをあらわす点を置き，これを「原点」と定めます。＋1の矢印と逆向きの矢印を原点からのばします。この矢印を「－1」とし，マイナスの数の単位と定めれば，これを基準にしてさまざまなマイナスの数を図示できます。こうしてできる直線を「数直線」といい，すべての実数をあらわすことができます。

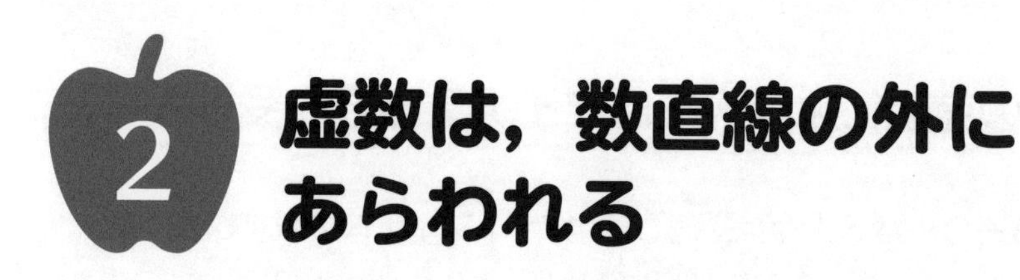

2 虚数は，数直線の外にあらわれる

数直線のどこにも虚数の居場所はない

実数全体をあらわす「数直線」の発明により，ヨーロッパの人々はマイナスの数をようやく受け入れました。では，虚数はどうすれば図にえがけるのでしょうか？

実数の中には,「マイナスの数の平方根」は存在しません。そのため，数直線のどこにも虚数の居場所はないように見えます。そこで，デン

虚数は数直線のどこか？

虚数は数直線上にはありません。そこでカスパー・ヴェッセルは,「数直線の外，つまり原点から上に伸ばした矢印を虚数と考えればいいのだ」という新しいアイデアを思いつきました。

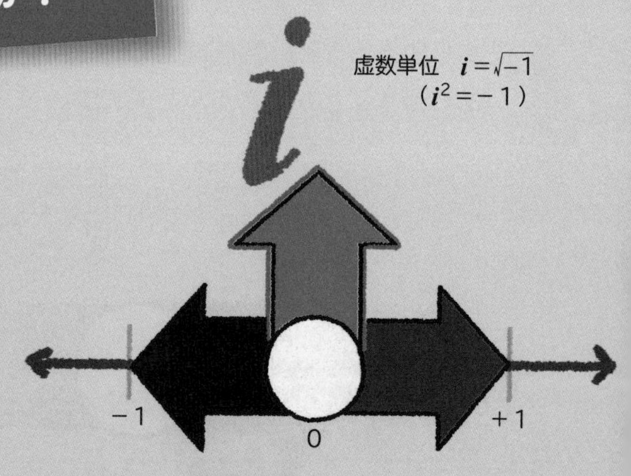

虚数は，数直線の「外」！
＋1や－1の矢印と同じ長さをもち，原点から真上に向かう矢印をえがきます。この矢印を「－1の平方根($\sqrt{-1}$)」とし，虚数の単位(虚数単位i)と定めれば，さまざまな虚数($2i$, $\sqrt{3}i$など)を図にあらわすことができます。

マークの測量技師，カスパー・ヴェッセル（1745～1818）はこう考えました。**「虚数は数直線上のどこにもない。ならば，数直線の外，つまり原点から上方向へとのばした矢印を虚数と考えればよいのではないか？」**

二つの座標軸をもつ平面で虚数が“目に見える”

果たして，このアイデアは大成功でした。**水平に置いた数直線で実数をあらわし，ゼロをあらわす原点からそれに垂直なもう一つの数直線を置いて虚数をあらわせば，二つの座標軸をもつ平面ができあがります。**この図を使うと，虚数が図にえがけるようになります。虚数が“目に見える”のです。

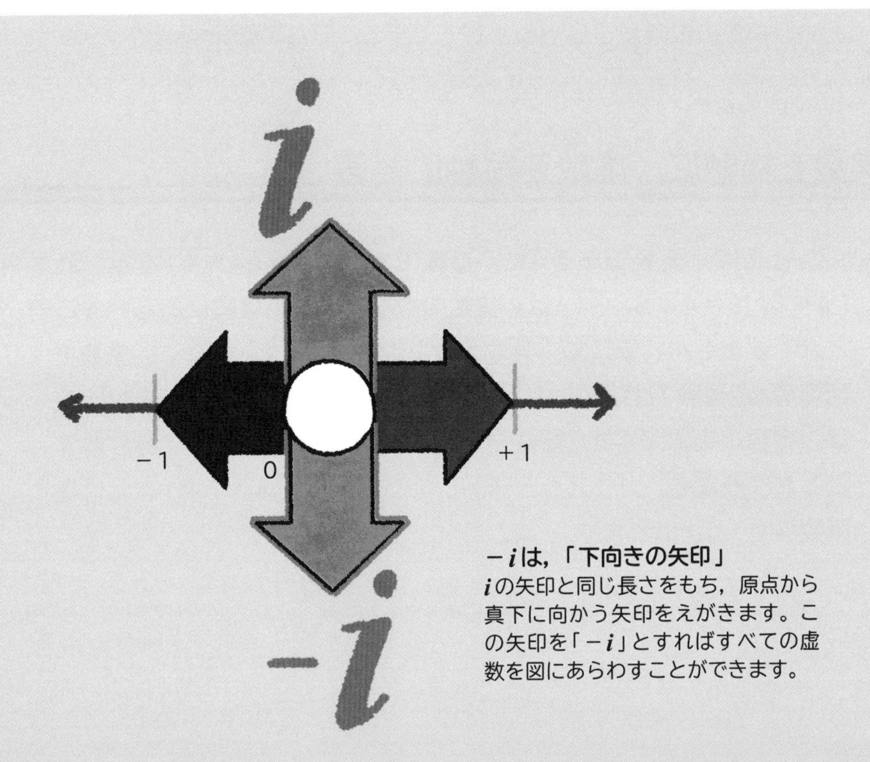

$-i$は，「下向きの矢印」
iの矢印と同じ長さをもち，原点から真下に向かう矢印をえがきます。この矢印を「$-i$」とすればすべての虚数を図にあらわすことができます。

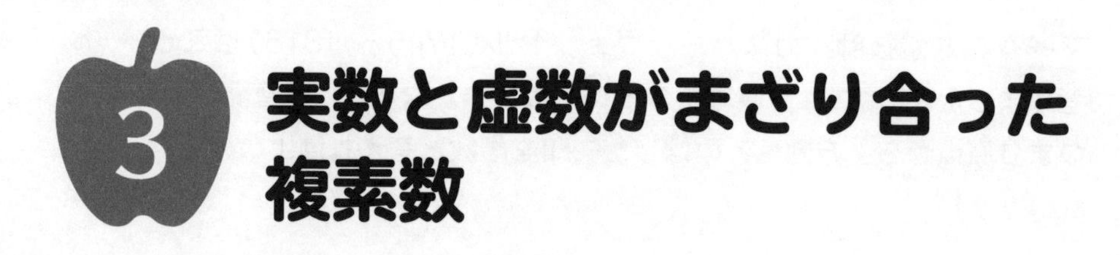

3 実数と虚数がまざり合った複素数

実数と虚数が足し合わされた新しい数の概念

フランスの会計士ジャン・ロベール・アルガン（1768～1822）と，ドイツの数学者カール・フリードリッヒ・ガウス（1777～1855）も，ヴェッセルと並行して，それぞれ独自に同じアイデアにたどりついていました。彼らによって，虚数ははじめて目に見えるものとなり，ついに虚数に市民権があたえられたのです。**ガウスは，この平面上の点としてあらわされる数を，「複素数（ドイツ語でKomplex Zahl）」と名づけました。**複素数（英語でcomplex number）とは，実数と虚数という複数の要素が足し合わされてできる，新しい数の概念です。

実数を横軸に，虚数を縦軸にとる

たとえば，実数である4に，虚数である$5i$（$=5\sqrt{-1}$）を足した「$4+5i$」（$=4+5\sqrt{-1}$）は，実数の数直線だけでは図にあらわすことができません。**そこで，実数の数直線（実数軸）を横軸に，虚数の数直線（虚数軸）を縦軸にもつ平面を用意すると，「$4+5i$」という数は，実数の座標が4で，虚数の座標が$5i$となる点によってあらわすことができます。**ガウスらが発明したこの図は，複素平面（または複素数平面）とよばれます。

「複素数」と「複素平面」

複素数4+5$\boldsymbol{i}$を，複素平面上に示しました。複素平面は，実数の数直線を横軸に，虚数の数直線を縦軸にもちます。4＋5$\boldsymbol{i}$は，原点から横に4，縦に5$\boldsymbol{i}$はなれた点として示すことができます。

複素平面

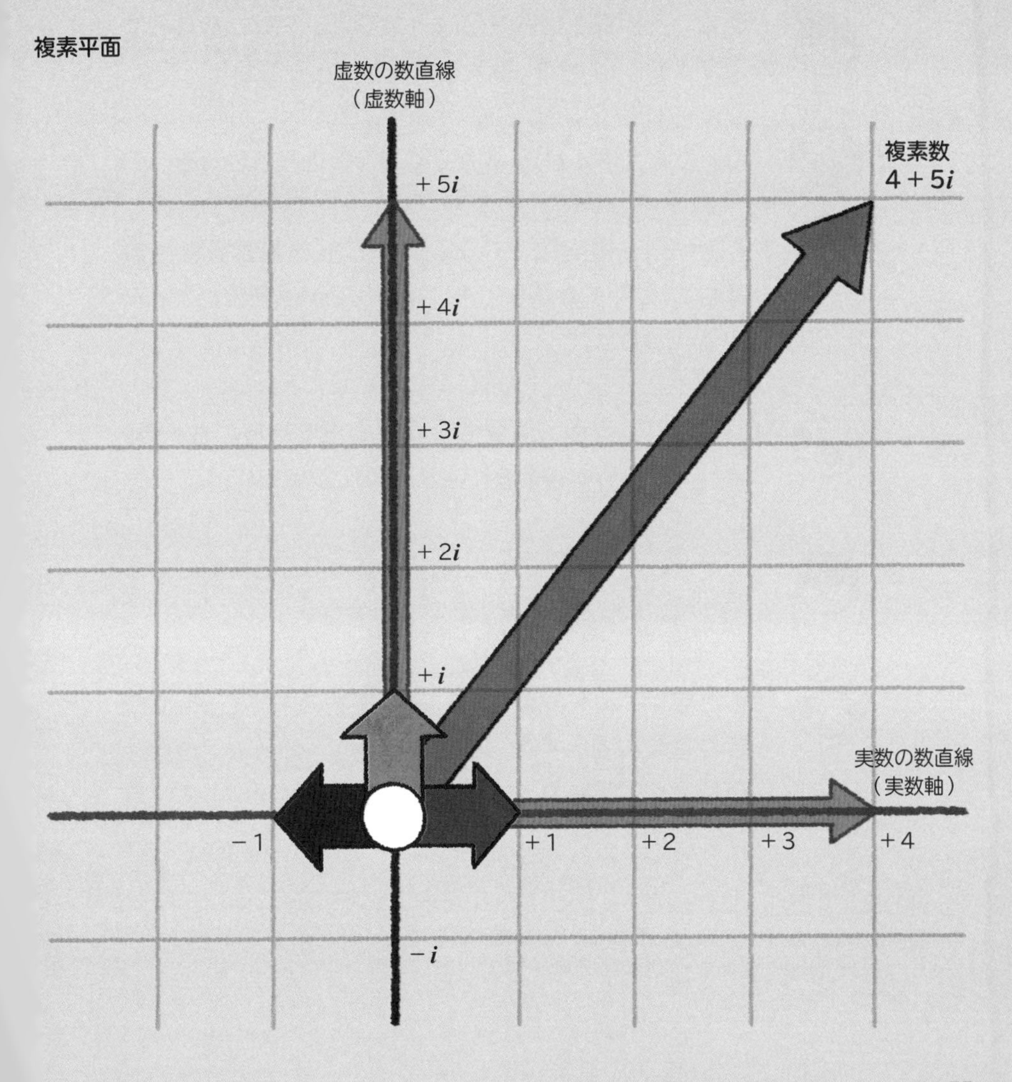

複素数は，虚数なの？

複素数って実数と虚数を足した数で，$a+bi$とあらわすんですよね。じゃあ，複素数は虚数なんですか？

ふむ。たとえばaが3，bが0である数はどうじゃろう？

3＋0＝3。3は実数でしょ。あ，じゃあ複素数は虚数じゃないんですか？　でも，aが0でbが実数だと$a+bi=bi$で虚数だし……。

はっはっは。実数も虚数も$a+bi$の形であらわされる。つまり，どちらも複素数に含まれるんじゃよ。

なるほど。そしてaが0なら虚数，bが0なら実数になるんですね。じゃあaもbも0でないなら？

そのときは，$a+bi$は虚数じゃ。虚数の中でも$a=0$のときの虚数biをとくに，純虚数というんじゃよ。虚数という言葉が純虚数だけを指すのだと，勘ちがいしている人は多いようじゃぞ。

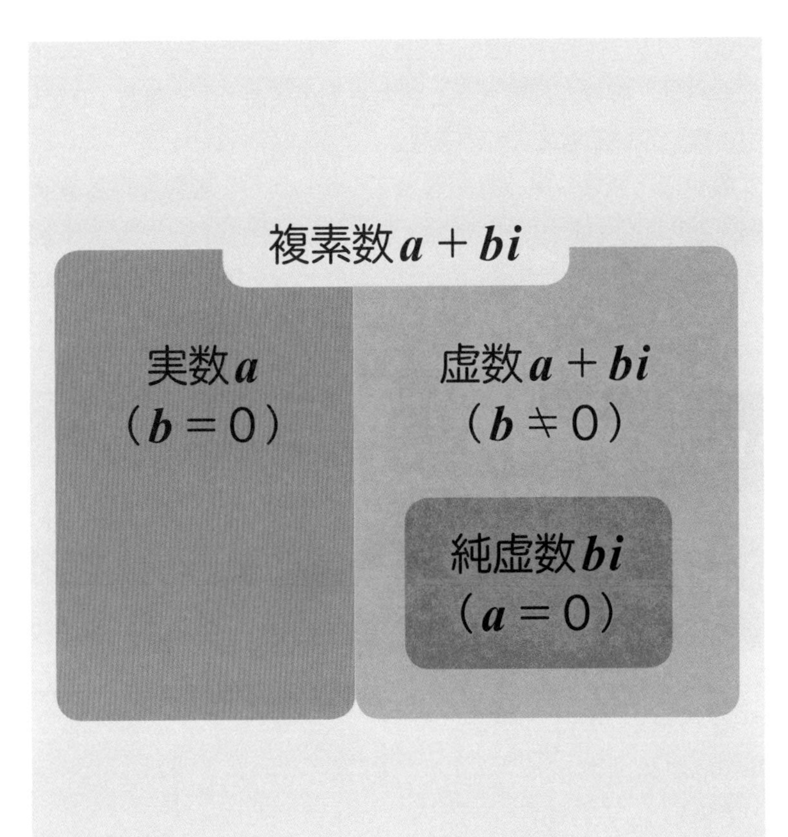
複素数$a+bi$
実数a
（$b=0$）
虚数$a+bi$
（$b \neq 0$）
純虚数bi
（$a=0$）

矢印を使って，「実数」の足し算を考えよう

足し算は矢印をつぎ足す作業

ここからは，実数と虚数が足し合わされてできる「複素数」の足し算・引き算について考えていきます。

まず最初に，実数の足し算を考えてみましょう。**実数の足し算は，「数直線上の二つの矢印をつぎ足す操作」と考えることができます。** たとえば2＋4を考えます。この足し算は，「2をあらわす矢印」の終

実数の足し算の考え方

実数の足し算を図を使って考えます。足し算は，「数直線上の二つの矢印をつぎ足す操作」と考えることができます。

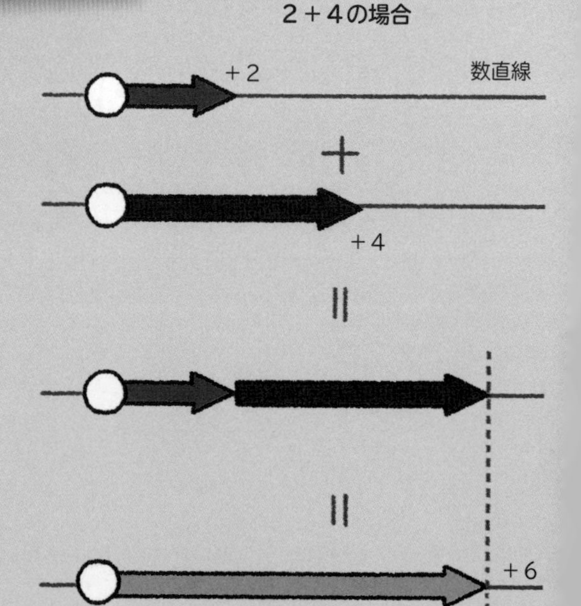

点（先端）に，4をあらわす矢印をつぎ足す操作で求められます。その答えは，つぎ足した矢印の先端がくる「6」となります（下のイラスト左）。

マイナスの数も矢印で足し算できる

次にマイナスの数の足し算を考えてみましょう。たとえば，2+（－4）はどうなるでしょうか。先ほどと同じように「＋2をあらわす矢印」の終点に，－4をあらわす矢印を移動してつぎ足します。すると，その答はつぎ足した矢印の先端がくる－2であることがわかります（下のイラスト右）。

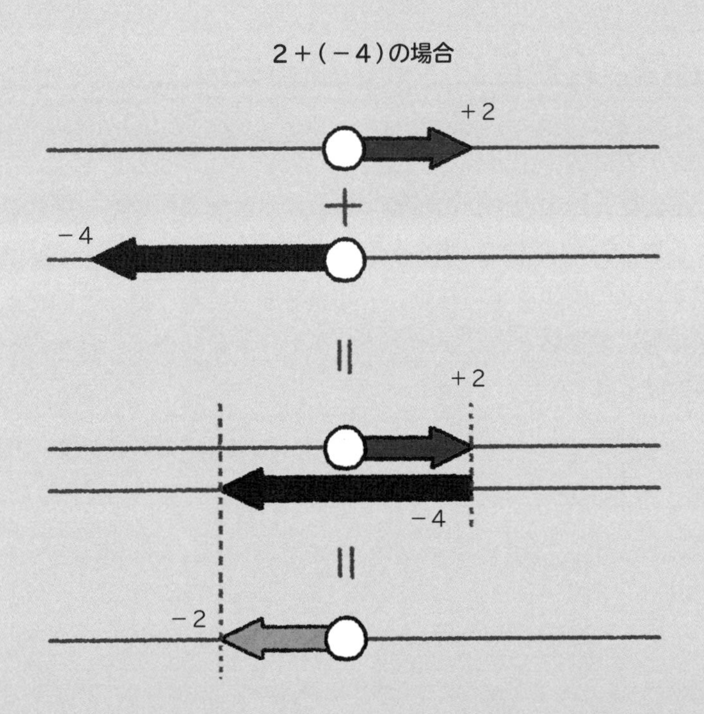

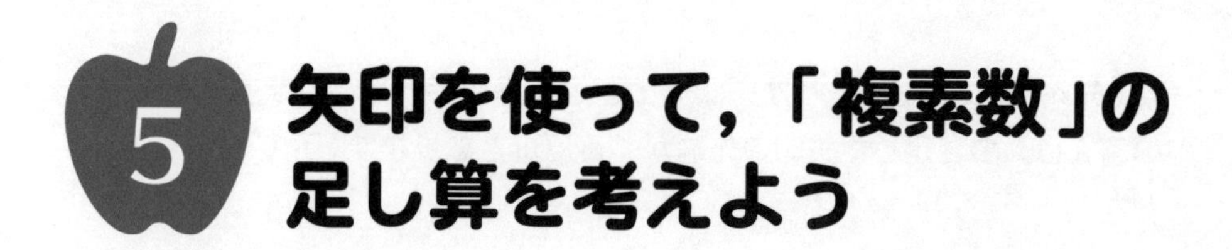

矢印を使って，「複素数」の足し算を考えよう

複素数の足し算も，実数のときと同じ

実数の足し算は，「数直線上の二つの矢印をつぎ足す操作」と考えることができました（60ページ）。

複素数の足し算も，実数のときと同様に，「複素平面上の二つの矢印をつぎ足す操作」と考えることができます。 たとえば（$5+2\boldsymbol{i}$）+（$1+4\boldsymbol{i}$）という足し算は，「$5+2\boldsymbol{i}$をあらわす矢印」の終点に，「$1+4\boldsymbol{i}$をあらわす矢印」を平行移動してつぎ足す操作であり，その答は$6+6\boldsymbol{i}$です。

C－Aは，AからCへとのびる矢印

では，複素数の引き算はどうすればよいでしょうか？

たとえば，右のページの複素平面上にある複素数Cから複素数Aを引くとき（C－A）には，「AからCへとのびる矢印」をえがけばいいのです。 その矢印を平行移動して始点を原点に置けば，その終点が引き算の答（複素数B）になります。A＋B＝Cなので，B＝C－Aとなるわけです。

複素数の足し算の考え方

下の図は，複素数の足し算をあらわしたものです。複素数の場合も，実数と同じように，「複素平面上の二つの矢印をつぎ足す操作」と考えることができます。

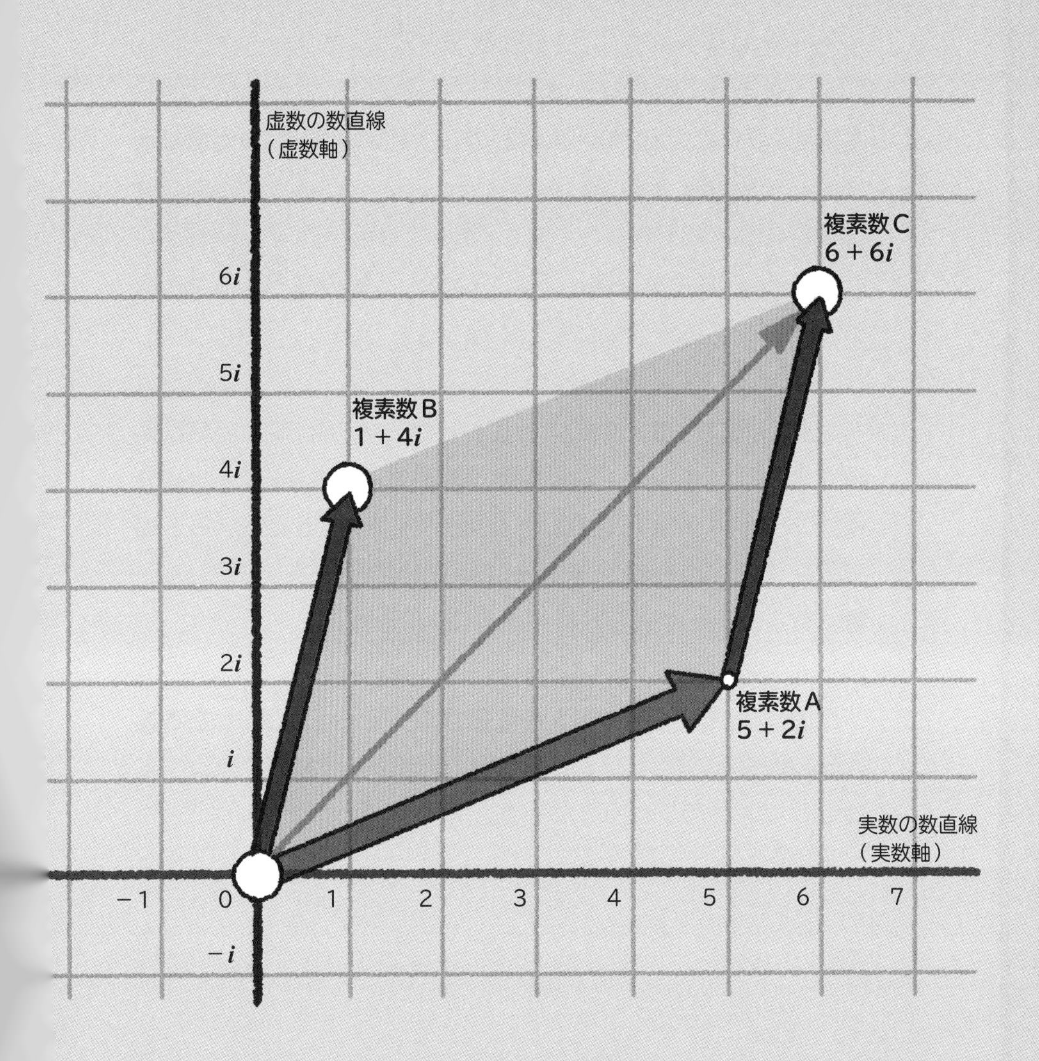

マウスの単位は「ミッキー」

もっとも身近な矢印といえば，パソコンのマウスのカーソルでしょうか。毎日目にするという人も少なくないでしょう。もともとパソコンはキーボードで「コマンド」という文字列を入力して動かすものでした。しかし，アップル社が画面で感覚的に操作する「GUI（グラフィカル・ユーザ・インタフェース）」という方式を採用し，ネズミのような機器であるマウスがパソコンに欠かせないものになりました。

当初のマウスは，中に入っているボールが回転して移動距離を測っていました。**この距離の単位を「ミッキー」といいます。**1ミッキーは100分の1インチで，約0.25ミリメートルです。1ミッキー動かすごとに画面上でカーソルが何ドット動くかを「ミッキー／ドット比」で表します。

なぜ「ミッキー」という単位名なのかというと，もちろん「ミッキー・マウス」に由来しています。その名づけ親はマイクロソフト社のプログラマーだと言われています。

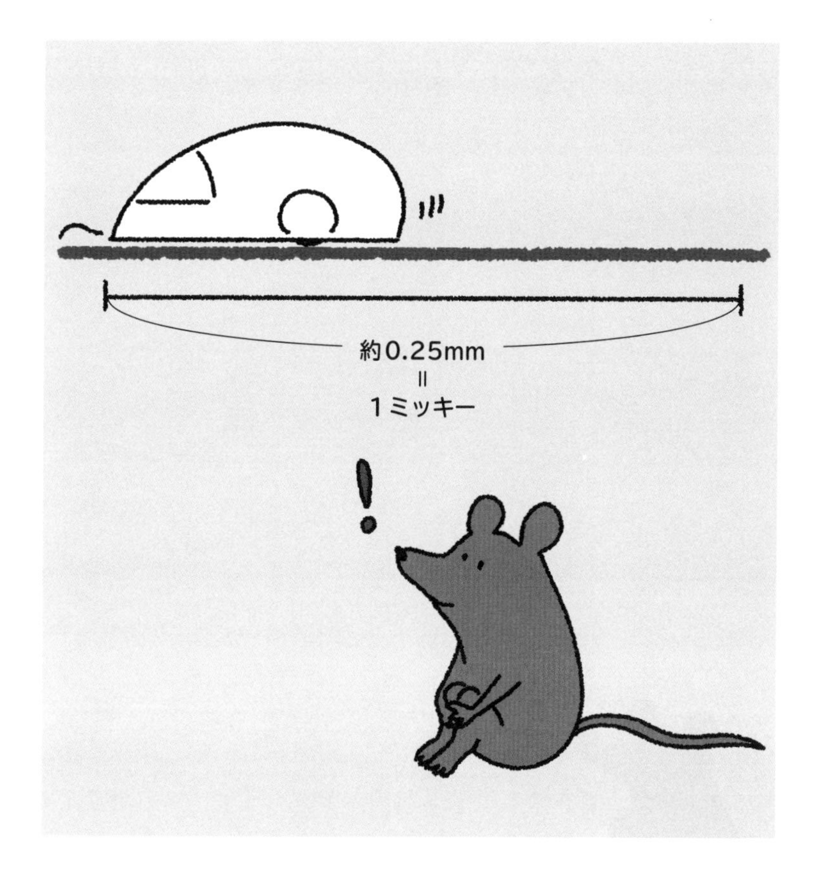
約0.25mm
=
１ミッキー
!

3. 回転と拡大で複素数を計算！

第2章でみた複素平面を使えば，複素数の計算を視覚的に行うことができます。第3章では，かけ算を使った複素数の計算について考えていきます。

1 マイナスのかけ算は，複素平面上の点を180度回転させる

マイナス×マイナスは，プラスとした方が都合がよい

マイナス×マイナスは，なぜプラスなのでしょうか？

実は，マイナス×マイナスは絶対にプラスでなければならないというわけではありません。数学の規則というものは，あくまでも「約束事」です。したがって，「マイナス×マイナスはマイナスである」という数学の世界をつくることも不可能ではありません。しかし，そこ

−1のかけ算は180度回転

複素平面上の+1に−1をかけると，原点のまわりを180度回転して−1になります。もう一度−1をかけると，さらに180度回転して+1になります。

1. +1に−1をかけると，原点を中心に180度回転して−1になる。

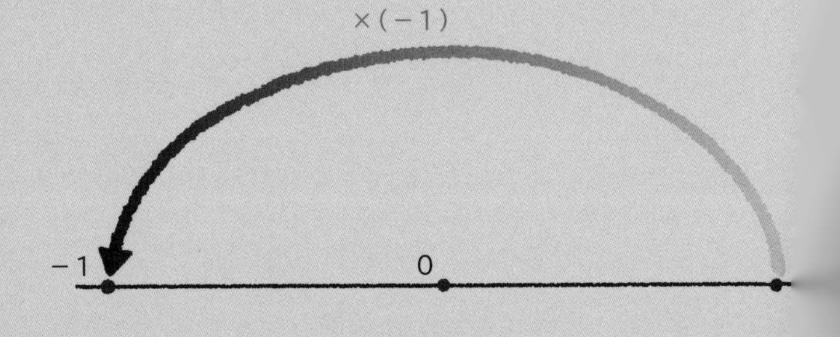

で行われる計算は非常に複雑になってしまいます。やはり，マイナス×マイナスはプラスとした方が自然であり，何かと都合がよいのです。

＋1に－1をかけると，180度回転する

では，マイナス×マイナスがプラスになるようすを，複素平面でながめてみましょう。

＋1に－1をかけると，原点のまわりを180度回転して－1になります（左のイラスト）。 －1に，もう一度，－1をかけると，また180度回転して＋1にもどってきます（右のイラスト）。複素平面ではこのように，－1を2回かけると＋1にもどる（マイナス×マイナスがプラスになる）ようすを，目で追うことができます。

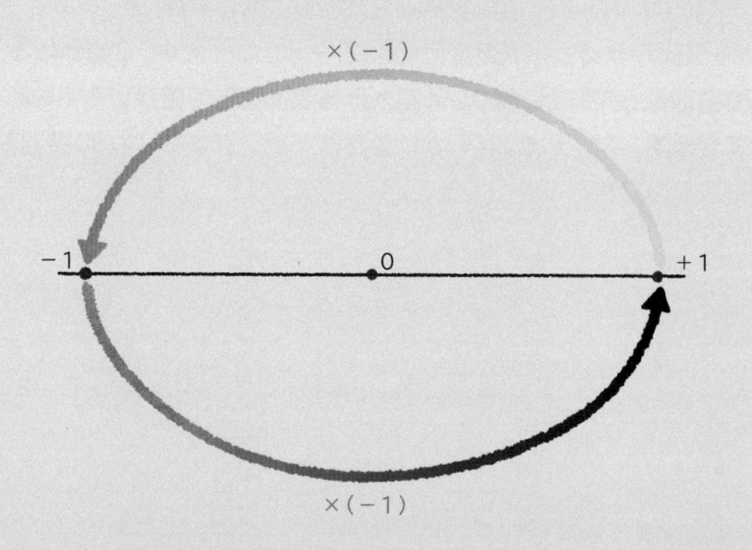
2. ふたたび－1をかけると，
さらに180度回転して＋1にもどる。
×（－1）
－1
0
＋1
×（－1）

2 虚数「i」のかけ算は，数直線上の点を90度回転させる

「虚数i」は何回かけると＋1にもどる？

今度は，+1に「虚数i」をかけることを考えてみましょう。

iとは「2乗して－1になる数」のことでした。そのため，＋1にiを2回かけると，－1になります（$1 \times i^2 = -1$）。そして，＋1にiを4回かけると，＋1にもどってきます（$1 \times i^4 = 1$）。**つまり，1回のiのかけ算は，360度の4等分，すなわち90度の回転に対応するのです。**

虚数iのかけ算は，反時計まわりの90度回転

これを複素平面で確認してみましょう。

＋1にiをかけると，原点を中心に90度回転してiになります。＋1にiを2回かけると，180度回転して－1になります。**3回かけると270度回転して$-i$になり，4回かけると1周して確かに＋1にもどってきます。**つまり，虚数iのかけ算とは，「反時計まわりの90度回転」といえるのです。

iのかけ算は90度回転

下の図は，＋1に虚数iをかけていったものです。＋1にiを1回かけるごとに，原点のまわりを反時計回りに90度ずつ回転します。

1. 1にiをかけると，90度回転してiになる。

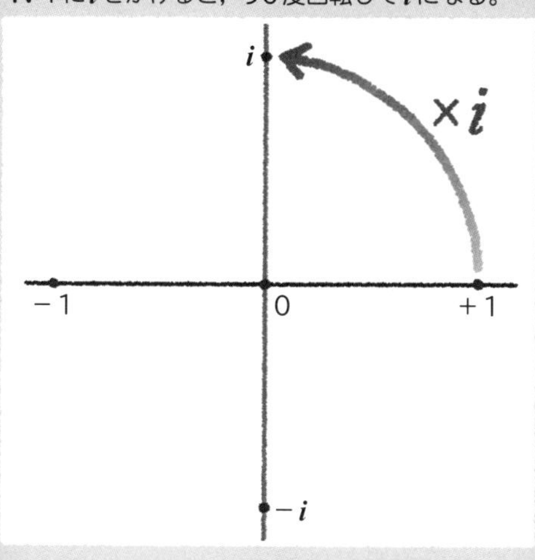

2. iにiをかけると，90度回転して−1になる。

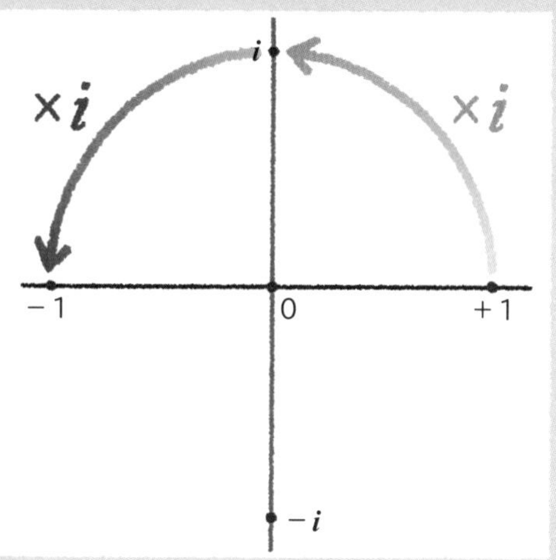

3. −1にiをかけると，90度回転して−iになる。

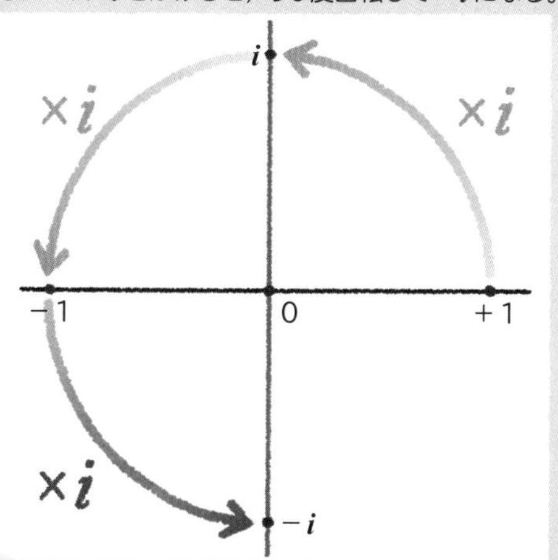

4. −iにiをかけると，90度回転して＋1になる。

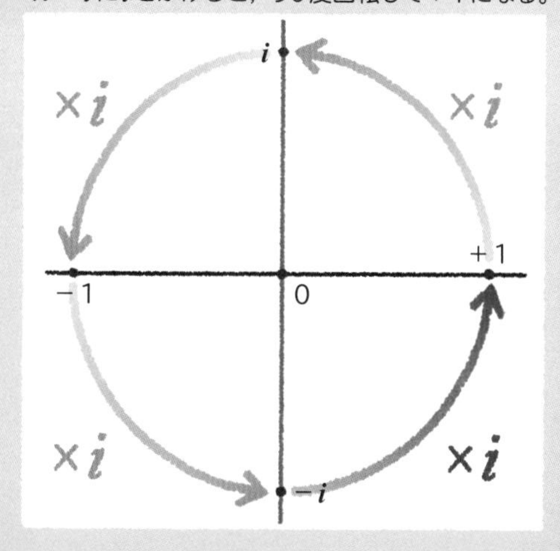

3 複素数に iをかけ算してみよう

実数のかけ算を数直線上でながめる

ここからは，$a+bi$の形であらわされる複素数のかけ算について考えていきましょう。

まずは実数のかけ算を数直線上でながめてみましょう（イラスト1）。たとえば，（＋2）×（−3）＝（−6）では，（＋2）を示す数直線上の矢印の長さを3倍に拡大します。**そしてこの場合はかける数がマイナスなので，矢印を180度反転することになります。**

複素数にiをかけると90度回転する

次に複素数に「虚数i」をかける場合をみてみましょう。

たとえば，$(3+2i)\times i=(-2+3i)$では，**右ページの2のように，複素平面上の（3+2i）の点を反時計まわりに90度回転することになります。**前のページでみたように，iをかけるということは，複素平面上で90度回転を意味するのです。

複素数のかけ算の考え方

（＋2）×（－3）＝（－6）と，（3＋2i）×i＝（－2＋3i）の二つの計算を複素平面上であらわしました。iをかけると，点は90度回転します。

1.（＋2）×（－3）＝（－6）

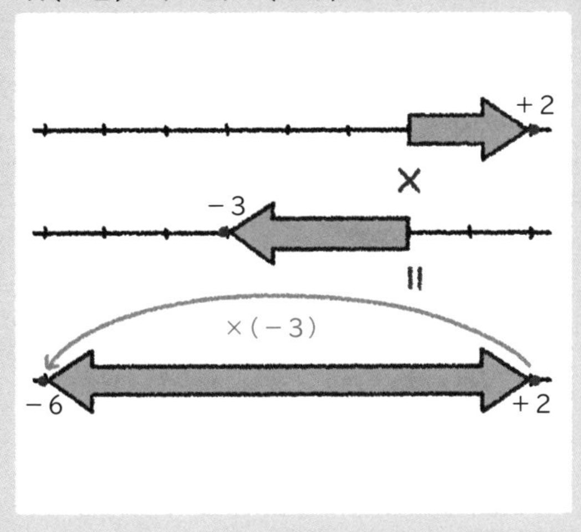

2.（3＋2i）×i＝（－2＋3i）

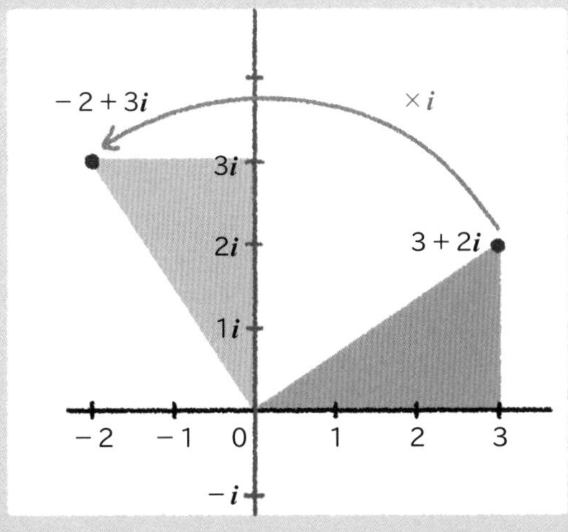

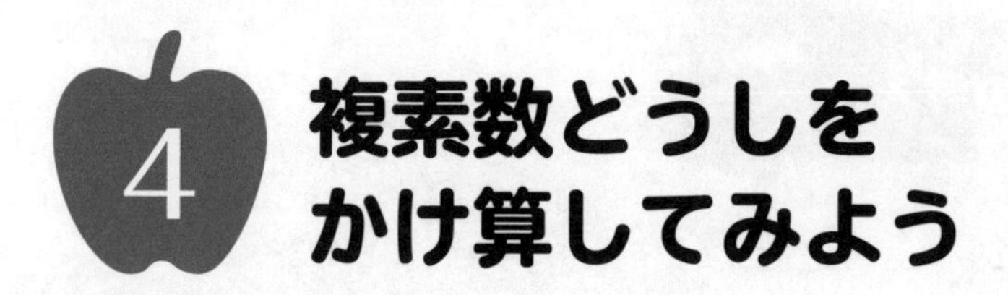

4 複素数どうしをかけ算してみよう

複素数（3+2i）をかけてみる

70～73ページで見たように，複素平面上の点に「虚数i」をかけると，どの点も反時計まわりに90度回転します。それでは今度は，虚数iではなく，複素平面上の点に複素数（3+2i）をかけた場合を考えてみましょう。たとえば1，（1＋i），iにそれぞれ複素数（3＋2i）をかけ算します。すると，それぞれ（3＋2i），（1＋5i），（−2＋3i）となります。

複素平面が回転・拡大される

三つのかけ算を図にえがいたのが右のページのイラストです。原点0，1，（1＋i），iがつくる正方形に注目してみます。3+2iをそれぞれの点にかけ算すると，**「原点と1を結ぶ線分」が，「原点と3＋2iを結ぶ線分」となるように，正方形が回転・拡大されていることがわかります。**このように，複素平面上の複数の点がつくる図形に対して，複素数をかけ算すると，図形は相似を保ちながら回転・拡大（あるいは縮小）することになります。

図形の回転・拡大

1，（1＋i），iの三つの点に3＋2iをかけ算したのが，下の図です。3+2iをかけ算すると，もとの三つの点と原点がつくる正方形が，回転・拡大することがわかります。

$1\times(3+2i)=(3+2i)$
$(1+i)\times(3+2i)=3+2i+3i-2=(1+5i)$
$i\times(3+2i)=3i+2i\times i=(-2+3i)$

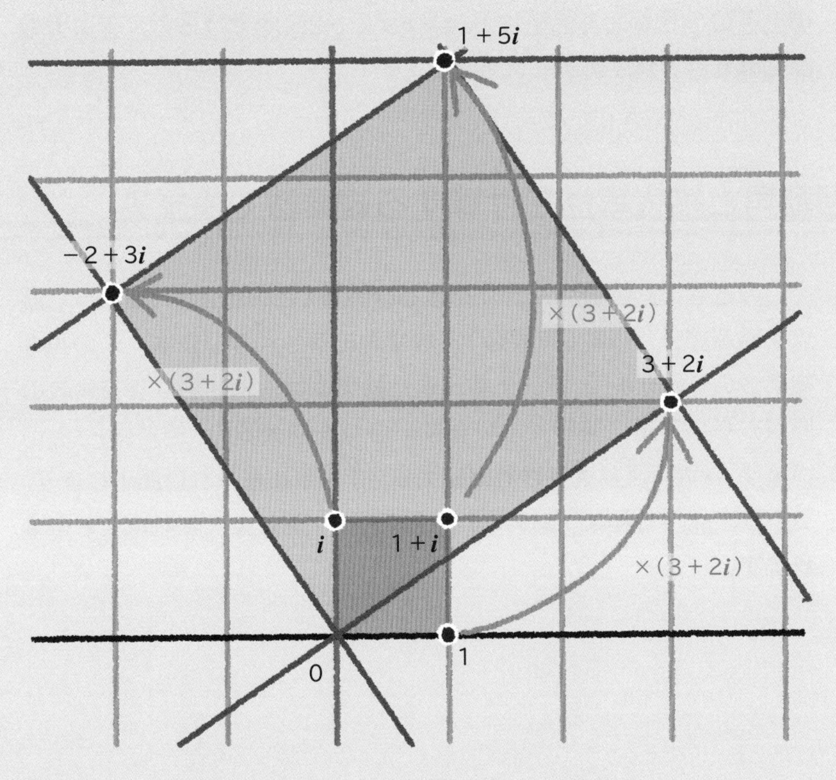

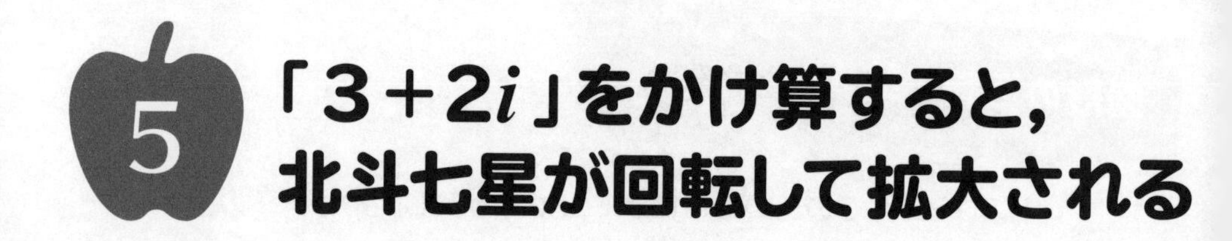

5 「$3+2i$」をかけ算すると，北斗七星が回転して拡大される

小さな北斗七星に（$3+2i$）をかけ算する

前ページで見たように，複素数のかけ算を行うと，複素数の点でできた図形は回転・拡大（あるいは縮小）します。**たとえば，右ページの右下の小さな北斗七星に，複素数（$3+2i$）をかけると，上の大きな北斗七星となります。**

回転角と拡大率はかけ算する複素数で決まる

このときの回転角は，かけ算する複素数（この場合は$3+2i$）と原点を結ぶ線分が横軸（実数軸）となす角に等しくなります。この角を複素数の「偏角θ」といいます。また拡大率は，かけ算する複素数の原点からの距離に等しくなります。これを複素数の「絶対値r」といいます。rが1より大きければ拡大し，1より小さければ縮小します。**つまり，北斗七星は，偏角θだけ回転し，r倍に拡大されたことになります。**

北斗七星に3＋2iをかける

右下の小さな北斗七星に，複素数（３＋２i）をかけると，上の大きな北斗七星になります。

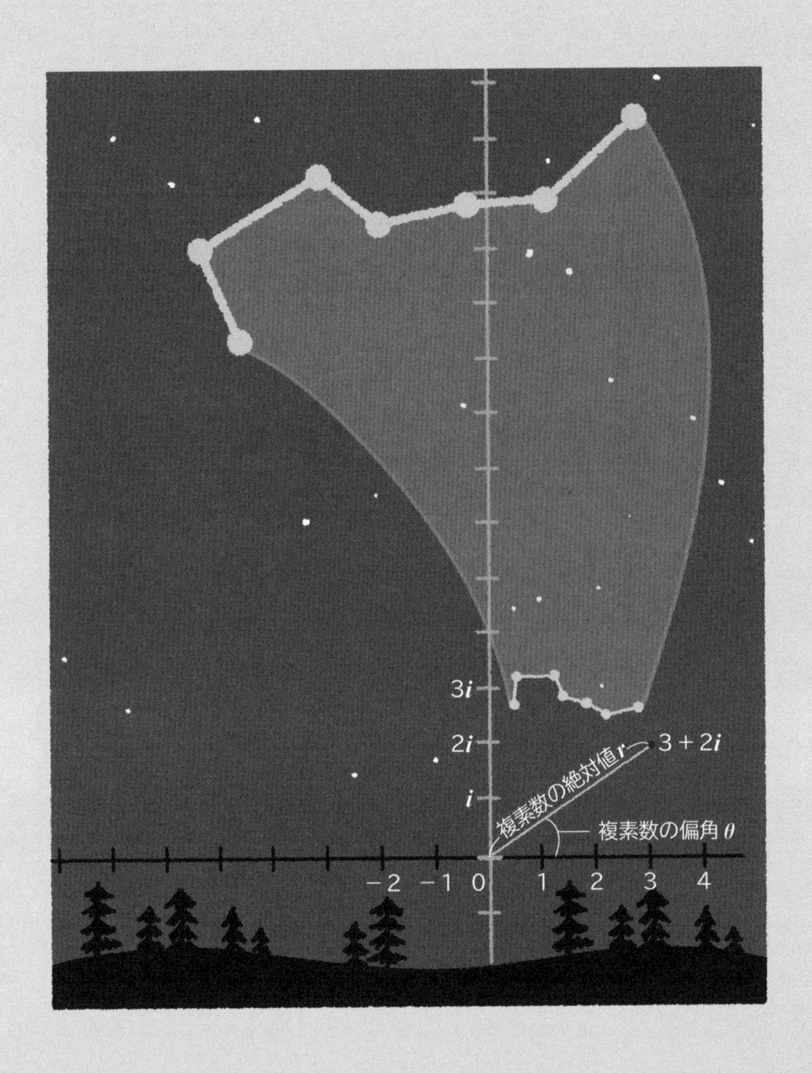

北斗七星は皇帝の車だった？

北斗七星といえば，日本ではよくひしゃくに見立てられます。**しかし世界中では，ひしゃくだけでなく，さまざまなものに見立てられています。**なかでも，車に見立てる地域が多くあるようです。古代バビロニア，スカンジナビア，中国，イギリスなどで，神話や伝説上の皇帝が乗る車だという言い伝えが残っているのです。

昔の車は，馬や牛に引かせる車です。北斗七星のその特徴的な形が車を横から見た形に似ていることに加えて，北極星のまわりをぐるぐる回る動きから，このような伝説が生まれたのだと考えられています。

一方，北斗七星は，「おおぐま座」の一部です。おおぐま座をつくったのは，古代ギリシャ人だといわれています。**彼らには，北斗七星がクマのしっぽのようにみえたのでしょう。**これに対して，フランスでは，北斗七星の四角い部分を牛泥棒に，柄の部分を追いかける人々に見立てるそうです。

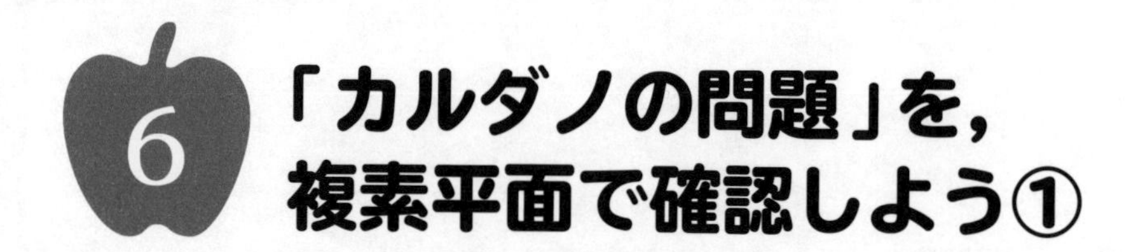

6 「カルダノの問題」を，複素平面で確認しよう①

足して10になることを複素平面上で確認

30ページなどで紹介した「カルダノの問題」について，「$5+\sqrt{-15}$」（$=5+\sqrt{15}\boldsymbol{i}$）と，「$5-\sqrt{-15}$」（$=5-\sqrt{15}\boldsymbol{i}$）が確かに答になっていることを，複素平面を使って確かめてみましょう。

カルダノの問題は，「足して10，かつかけて40となる$\boldsymbol{A}$と$\boldsymbol{B}$は何か？」（式で書けば$\boldsymbol{A}+\boldsymbol{B}=10$，$\boldsymbol{A}\times\boldsymbol{B}=40$となる$\boldsymbol{A}$と$\boldsymbol{B}$は何か？）というものでした。

まずは，$\boldsymbol{A}=5+\sqrt{15}\boldsymbol{i}$と$\boldsymbol{B}=5-\sqrt{15}\boldsymbol{i}$が，足して10になることを複素平面上で確認してみましょう。

複素平面上の二つの矢印をつぎ足す

複素数の足し算は，62〜63ページでみたように「複素平面上の二つの矢印をつぎ足す操作」と考えることができます。**すなわち，「$5+\sqrt{15}\boldsymbol{i}$をあらわす矢印」の終点に，「$5-\sqrt{15}\boldsymbol{i}$をあらわす矢印」をつぎ足せばよいのです。**すると，図からわかるように$\boldsymbol{A}+\boldsymbol{B}$の答えは10になることが確かめられます。

複素平面で足し算を確認

複素数の足し算は，「複素平面上の二つの矢印をつぎ足す操作」です。「$5+\sqrt{15}i$をあらわす矢印」の終点に，「$5-\sqrt{15}i$をあらわす矢印」をつぎ足します。すると，矢印の先端は，10の位置にきます。

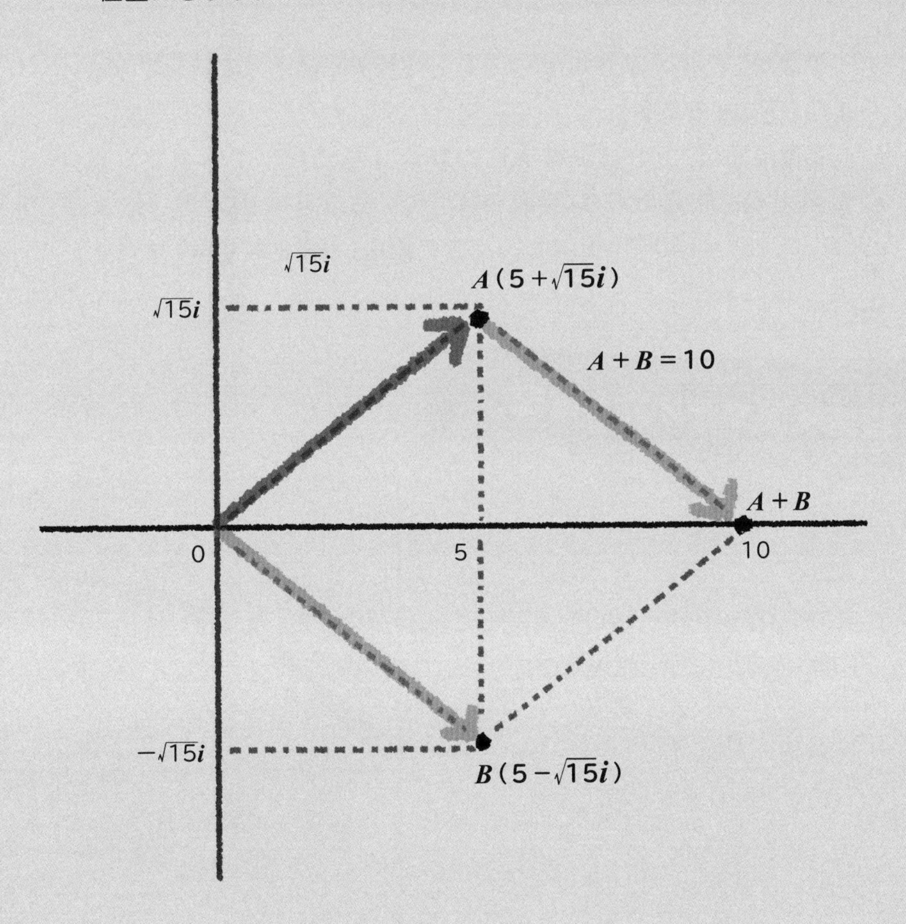

7 「カルダノの問題」を，複素平面で確認しよう②

$A \times B$が40になることを確認

では次に，$A \times B$が40になることを複素平面上で確認してみましょう（下のイラスト）。

複素平面に，$5+\sqrt{15}i$をあらわす点Aをえがいてみます。点Aの絶対値（原点からの距離）は，「ピタゴラスの定理」により$\sqrt{5^2+\sqrt{15}^2}=\sqrt{40}$です。また，点$A$の偏角（横軸となす角）を$\theta$とし

複素平面でかけ算を確認

0，1，Aの各点に複素数Bをかけます。すると，3点でできるグレーの三角形が，$-\theta$回転し，さらに，$\sqrt{40}$倍に拡大されます。そして，グレーの三角形と相似なピンク色の三角形となります。ここから$A \times B$の値は，40となることがわかります。

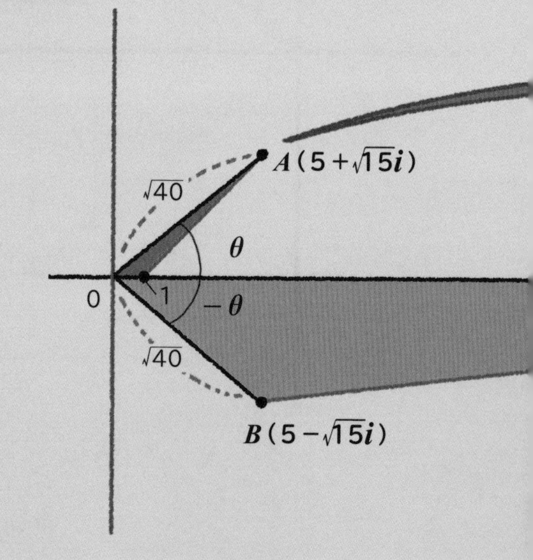

ておきましょう。一方，$5-\sqrt{15}i$ をあらわす点 B をえがいてみると，絶対値は点 A と同じく $\sqrt{40}$ になります。そして，点 B の偏角は，点 A の偏角と大きさが同じで回転方向が逆なので，$-\theta$ とかけます。

$A \times B$ の絶対値は40，偏角は0となる

0，1，A の各点に複素数 B をかけることを考えます。3点でできる三角形（下のグレーの三角形）は，B をかけると $-\theta$（B の偏角）回転し，さらに，$\sqrt{40}$ 倍（B の絶対値倍）に拡大されます。すると，ピンク色の三角形に一致します。**このとき $A \times B$ の点は，原点からの距離が40で，偏角が0になる点となります。** この点こそ実数の40にほかなりません。こうして，$A \times B = 40$ になることが確認されました。

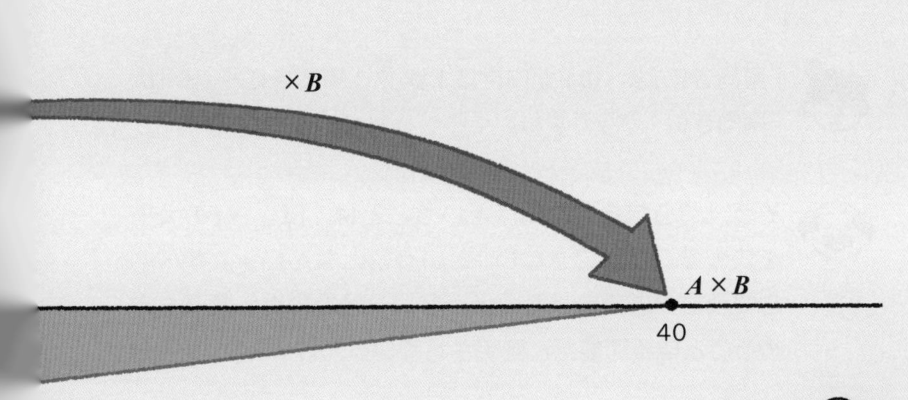

これを見れば，$A \times B = 40$ が正しいことがわかります。

虚数に大小はあるの？

iと$-i$だと，iのほうが大きいんでしょうか？

ふむ。複素平面を東西南北に見立てて考えてみよう。東にゴールがあるとき，「東向きに1歩進む」のと，「東向きに－1歩進むのとでは，どちらが有利かな。

それは「東向きに1歩」でしょう。

その通りじゃな。では「東向きにi歩進む」のと，「東向きに$-i$歩進む」のとではどうかね。

「東向きにi歩」は「北向きに1歩」，「東向きに$-i$歩」は「南向きに1歩」ですね。くらべられないような……。

そう，くらべられない。ということは，「iと$-i$の大小を決めることはできない」ということなんじゃ。すべての複素数の間でなりたつような，一般的な大小関係を定めることは不可能だと証明されているんじゃよ。

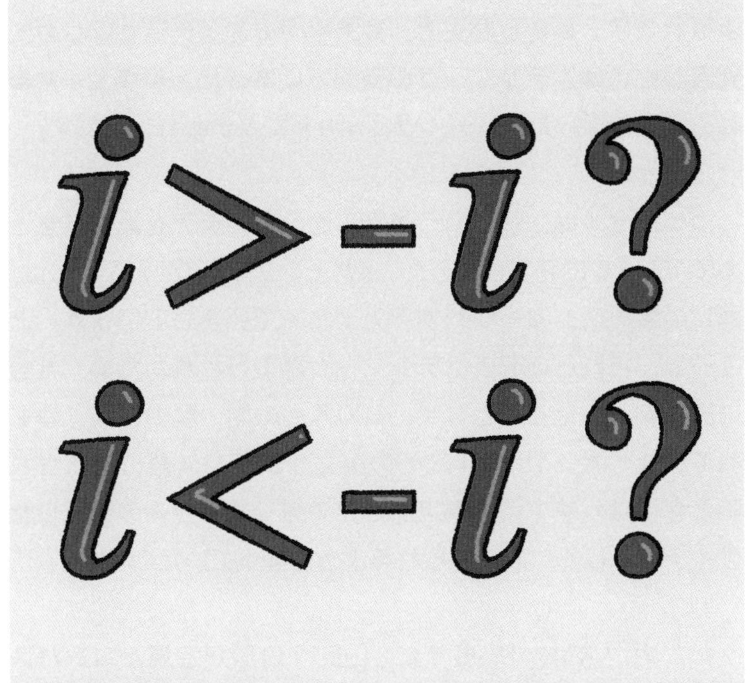
i>-i?
i<-i?

ガウス平面の発見者

56～57ページで紹介した複素平面は，「ガウス平面」ともよばれます。**しかし歴史上，複素平面のアイデアをはじめて発表したのは，デンマークの支配下にあったノルウェー生まれの測量技師，カスパー・ヴェッセルだといわれています。**

ヴェッセルは，今でいう複素平面のアイデアを論文にまとめて1799年に発表しました。またその2年前の1797年には，同じ内容をデンマーク科学アカデミーで発表しています。ところが，これらの発表はデンマーク語で行われたため，社会に広く知れわたることなく，100年もの間，歴史の闇に埋もれていました。1899年にその論文がフランス語に翻訳されたときには，すでに複素平面はアルガンやガウスの発見したアイデアとして，広く知られるようになっていたのです。

ただガウスは，1796年に，「正17角形が定規とコンパスだけで作図できる」という発見をしています。**これには複素数や複素平面が必要であり，ヴェッセルよりも先に複素平面のアイデアに到達していた可能性があるとみられています。**

カスパー・ヴェッセル（1745～1818）

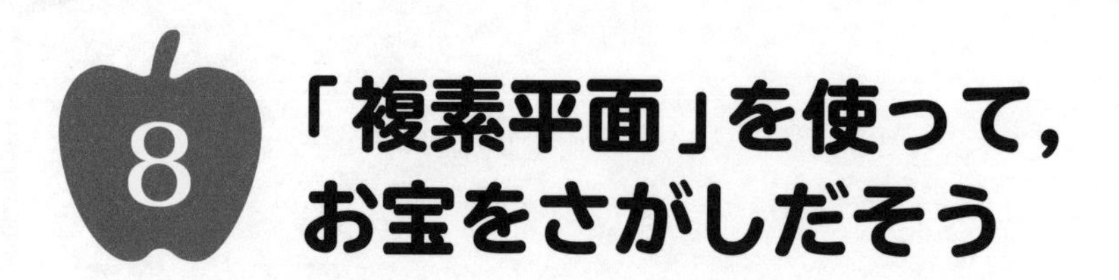

8 「複素平面」を使って，お宝をさがしだそう

ガモフの問題

複素平面の性質を使って解く，ユニークな問題があります。それは「ガモフの問題」とよばれるものです。紙と鉛筆を用意して，この問題に挑戦しましょう。

無人島に，宝が埋まっています。その宝のありかを示した古文書には，次のように書いてあります。

「島には，裏切り者を処刑するための絞首台と，1本の樫の木，そして1本の松の木がある。まず，絞首台の前に立ち，樫の木に向かって歩数を数えながらまっすぐ歩け。樫の木にぶつかったら，直角に右へと曲がり，同じ歩数だけ歩いたらそこに第一の杭を打て。絞首台にもどり，今度は松の木に向かって歩数を数えながらまっすぐ歩け。松の木にぶつかったら，直角に左へ曲がり，同じ歩数だけ歩いたらそこに第二の杭を打て。宝は，第一の杭と第二の杭の中間点に埋めてある」。

虚数を知っていれば，宝をみつけることができる

この古文書をある若者が手に入れ，島へ行ってみましたが，絞首台がみつかりません。**しかし，もしこの若者が虚数を知っていれば，宝のありかをみつけることができます。**宝はどこにあるでしょうか？

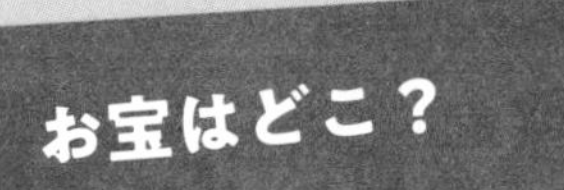

お宝はどこ？

「ガモフの問題」とよばれる問題です。地図に書かれている絞首台が，実際の島に行ってもみつかりません。宝はどこにあるのでしょうか。

ヒント
松の木の位置が「実数の１」，樫の木の位置が「実数の－１」となるような複素平面を考えます。その上で，宝のありかがどんな複素数に対応するかを計算で求めればよいことになります。必要な計算は，62 ～ 63ページで紹介した「複素数の足し算・引き算」と，70 ～ 71ページで紹介した「iのかけ算」だけです。

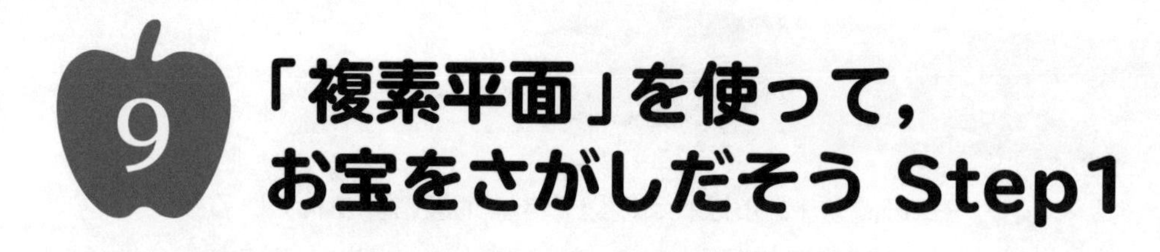

「複素平面」を使って，お宝をさがしだそう Step1

複素平面を設定する

ここからはガモフの問題の解答編です。はじめに，問題を解く舞台となる複素平面を設定しましょう。

①まず，樫の木と松の木の両方を通る直線を引き，これを実数軸とします。

②樫の木と松の木の中間点をとり，これを複素平面の原点とします。また原点を通り，実数軸に垂直な直線を引いて，これを虚数軸とします。こうして，複素平面ができあがりました。

松の木，樫の木，絞首台を置く

次に，以下の手順で，松の木，樫の木，スタート地点の座標を決めます。

③松の木の座標を実数の1，樫の木の座標を実数の－1とします。

④スタート地点（絞首台）の位置は不明ですが，ひとまず複素数Sとして，適当な位置に置きます。

右のイラストのように，問題を解く舞台が整いました。次のページのStep2につづきます。

複素平面をつくる

古文書をよく読んで，その内容を複素平面としてあらわすことが問題を解く第１歩です。位置が不明のスタート地点（絞首台）を，複素数Ｓとして，適当な場所に置いてみます。

古文書が示す宝の位置

島には，裏切り者を処刑するための絞首台と，１本の樫の木，そして１本の松の木がある。まず，絞首台の前に立ち，樫の木に向かって歩数を数えながらまっすぐ歩け。樫の木にぶつかったら，直角に右へと曲がり，同じ歩数だけ歩いたらそこに第一の杭を打て。絞首台にもどり，今度は松の木に向かって歩数を数えながらまっすぐ歩け。松の木にぶつかったら，直角に左へ曲がり，同じ歩数だけ歩いたらそこに第二の杭を打て。宝は，第一の杭と第二の杭の中間点に埋めてある

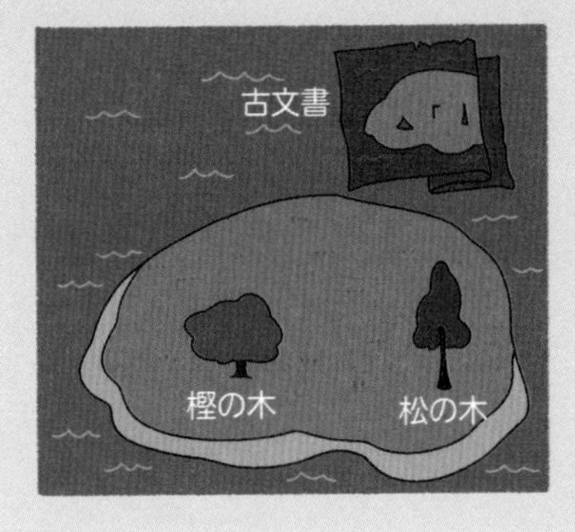

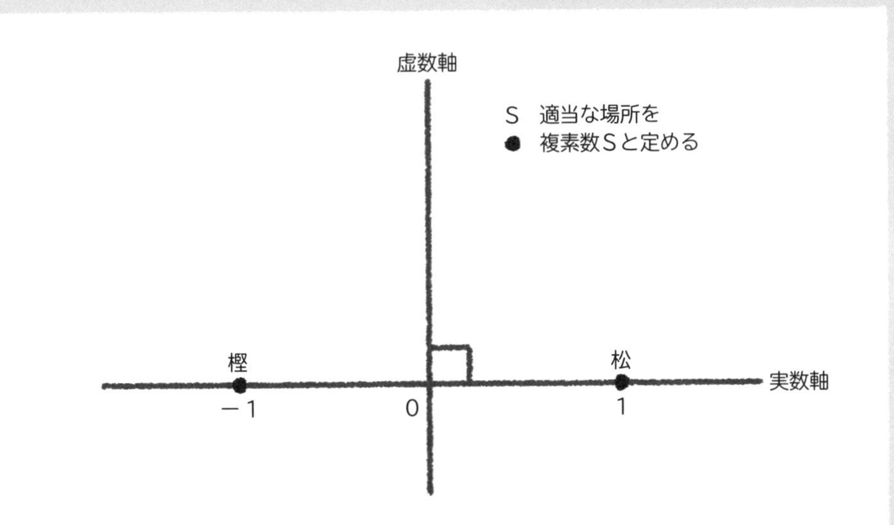

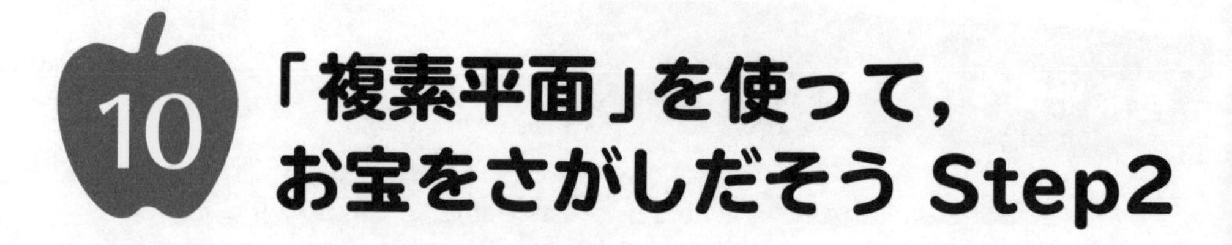

10 「複素平面」を使って，お宝をさがしだそう Step2

第一の杭の位置を複素数であらわす

第一の杭を複素数K_1，第二の杭を複素数K_2とします。K_1とK_2をSを使ってあらわしましょう。

①「Sから樫に向かう矢印」は，「－1からSを引いたもの」に等しいから，(－1－S)と書けます。また，「樫からK_1へ向かう矢印」は，「Sから樫に向かう矢印」の始点が樫にくるように平行移動し，それを時計まわりに90度回転したものです。矢印は，平行移動しても同じ矢印とみなせます。したがって，「樫からK_1へ向かう矢印」は，複素数$(-1-S)\times(-\boldsymbol{i})$です。$K_1$は，(0からSへの矢印)＋(Sから樫への矢印)＋(樫からK_1への矢印)なので，$K_1=S+(-1-S)+(-1-S)\times(-\boldsymbol{i})=-1+\boldsymbol{i}+\boldsymbol{i}S$となります。

第二の杭の位置を複素数であらわす

②「Sから松に向かう矢印」は，同様に複素数(1－S)と書けます。また，「松からK_2へ向かう矢印」は，「Sから松に向かう矢印」の始点が松にくるように平行移動し，反時計まわりに90度回転したものです。つまり，複素数$(1-S)\times\boldsymbol{i}$と書けます。したがって，$K_2=S+(1-S)+(1-S)\times\boldsymbol{i}=1+\boldsymbol{i}-\boldsymbol{i}S$となります。

次のページのStep3で，いよいよ宝の位置が求まります。

杭を打つ位置の複素数は？

複素平面上で，足し算とiのかけ算を行い，
2本の杭をSを使ってあらわします。

古文書が示す宝の位置
島には，裏切り者を処刑するための絞首台と，1本の樫の木，そして1本の松の木がある。まず，絞首台の前に立ち，樫の木に向かって歩数を数えながらまっすぐ歩け。樫の木にぶつかったら，直角に右へと曲がり，同じ歩数だけ歩いたらそこに第一の杭を打て。絞首台にもどり，今度は松の木に向かって歩数を数えながらまっすぐ歩け。松の木にぶつかったら，直角に左へ曲がり，同じ歩数だけ歩いたらそこに第二の杭を打て。宝は，第一の杭と第二の杭の中間点に埋めてある

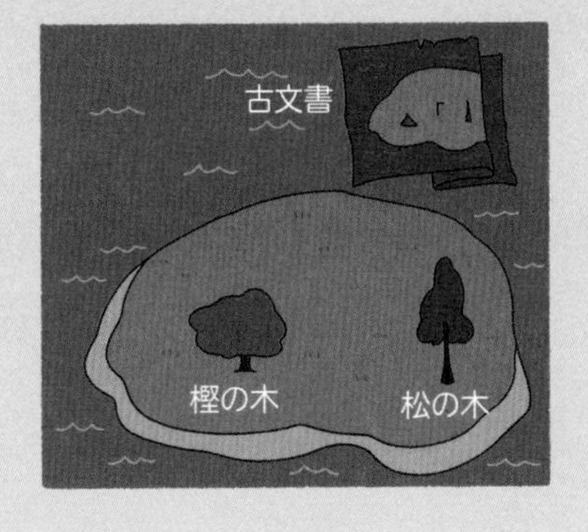

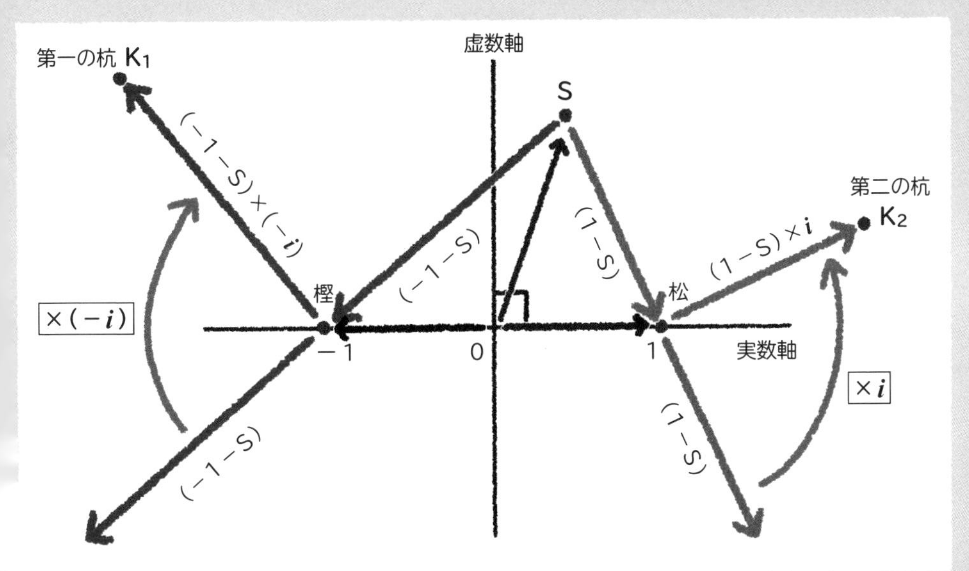

11 「複素平面」を使って，お宝をさがしだそう Step3

宝のありかを複素数であらわす

宝のありかである「第一の杭と第二の杭の中間点」は，複素数（$K_1 + K_2$）÷2であらわせます。$K_1 = -1 + i + i\mathrm{S}$，$K_2 = 1 + i - i\mathrm{S}$ですから，（$K_1 + K_2$）÷2＝（$2i$）÷2＝$i$となります。したがって，「虚数単位$i$の位置」が宝のありかです。「松の木から樫の木に向かう中間点で直角に右へ曲がり，中間点までと同じだけ歩いたところ」を掘ればよいのです。

スタート地点がどこかは関係なかった

問題を解くとわかるように，計算の最後で複素数Sは消えるので，スタート地点がどこであるかは宝の場所に関係しません。若者は，どこでもよいから，今立っている場所から古文書の指示どおりに歩けばよかったのです。

虚数単位iが宝の場所

宝の場所は第一の杭と第二の杭の中間点です。だから複素数（K_1+K_2）÷2であらわせます。このことから，「虚数単位$\boldsymbol{i}$」の位置が，宝の場所だということが導きだせます。

古文書が示す宝の位置

島には，裏切り者を処刑するための絞首台と，1本の樫の木，そして1本の松の木がある。まず，絞首台の前に立ち，樫の木に向かって歩数を数えながらまっすぐ歩け。樫の木にぶつかったら，直角に右へと曲がり，同じ歩数だけ歩いたらそこに第一の杭を打て。絞首台にもどり，今度は松の木に向かって歩数を数えながらまっすぐ歩け。松の木にぶつかったら，直角に左へ曲がり，同じ歩数だけ歩いたらそこに第二の杭を打て。宝は，第一の杭と第二の杭の中間点に埋めてある

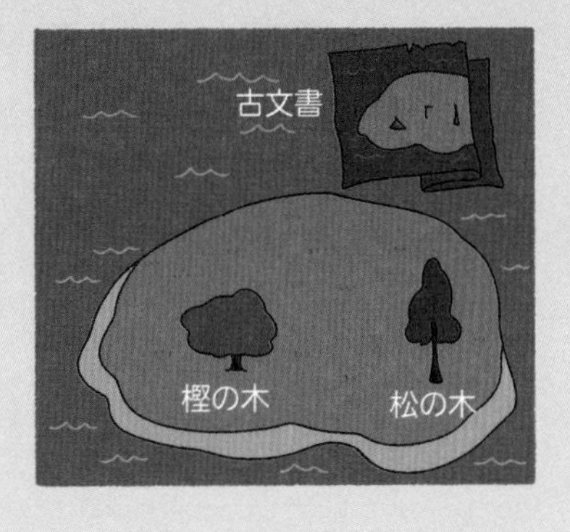

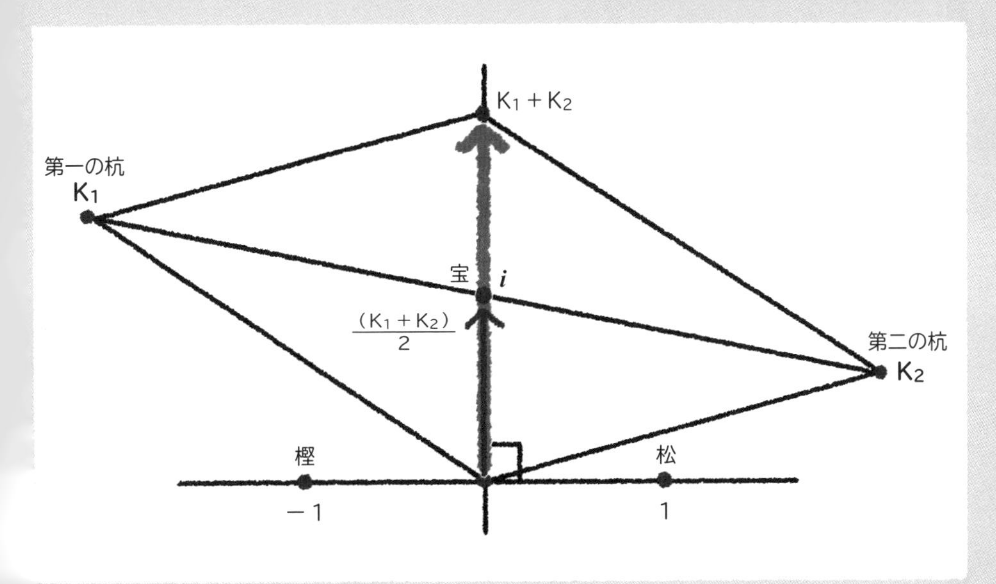

ボタンはどこ？

高校生の酒井くんと伊東くんが，学校帰りに古びた洋館の前を通りがかりました。

酒井：前から気になってるんだよな、この洋館。ちょっと中をのぞいてみようぜ。

伊東：え〜、大丈夫かな。

二人が中に入ると，突然扉が閉まり，閉じ込められてしまいました。

Q1

秘密のボタンはどこにあるでしょうか？

伊東：あそこの壁に何か書いてあるぞ。

酒井：なになに「0，2，$2+2\boldsymbol{i}$，$2\boldsymbol{i}$の正方形に$4+4\boldsymbol{i}$をかけた中心に，扉を開けるボタンがある」。どういうこと？

伊東：これは、複素数と複素平面の問題じゃないか。

酒井：伊東がいてよかったよ。

よく見ると，床はタイル状になっていて「0」と記された部分がある。

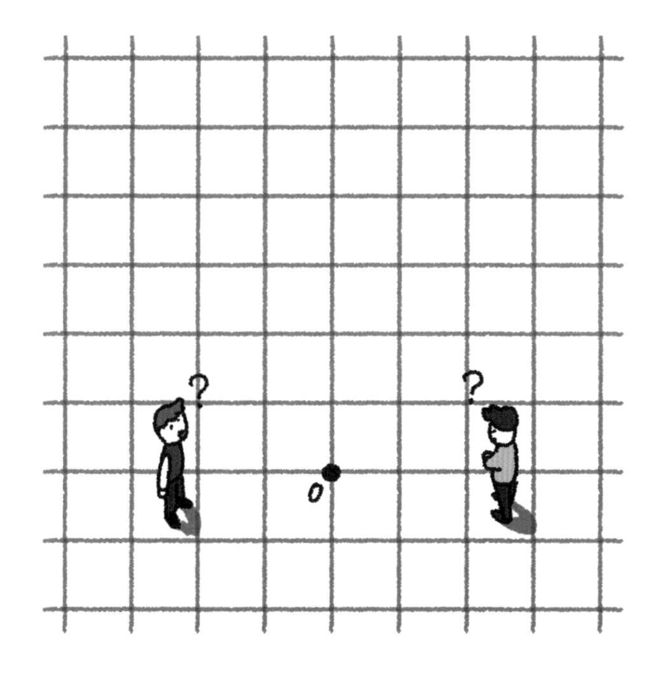

無事に脱出！

伊東：床の「0を原点として，タイルのマス目を座標と考えれば，「0，2，$2+2i$，$2i$の正方形」は……，おい酒井，あそこの花瓶を三つ持ってきてくれ。

酒井くんは，伊東くんに言われた通り「2，$2+2i$，$2i$」の位置に花瓶を置きました（下のイラスト）。

次に，花瓶を置いた三つの点それぞれに「$4+4i$」をかけて計算します。

A1

$8i$

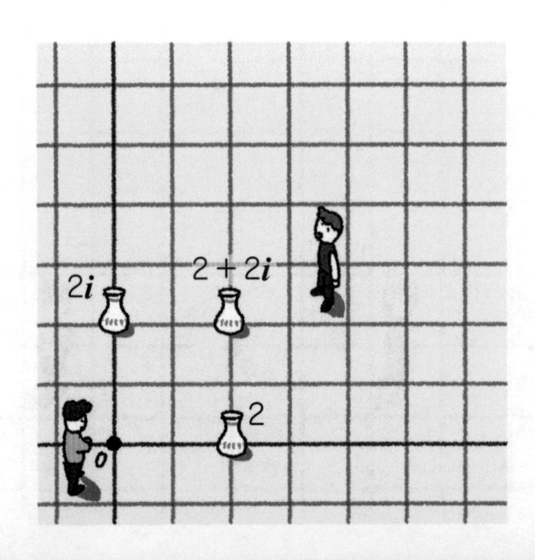

$$2 \times (4 + 4i) = 8 + 8i$$

$$(2 + 2i) \times (4 + 4i) = 2 \times (4 + 4i) + 2i \times (4 + 4i)$$
$$= 8 + 8i - 8 + 8i = 16i$$

$$2i \times (4 + 4i) = -8 + 8i$$

それぞれの位置に花瓶を移動させると，中心は$8i$の位置になります（下のイラスト）。

酒井：ボタンがあった！　これで出られるぞ。

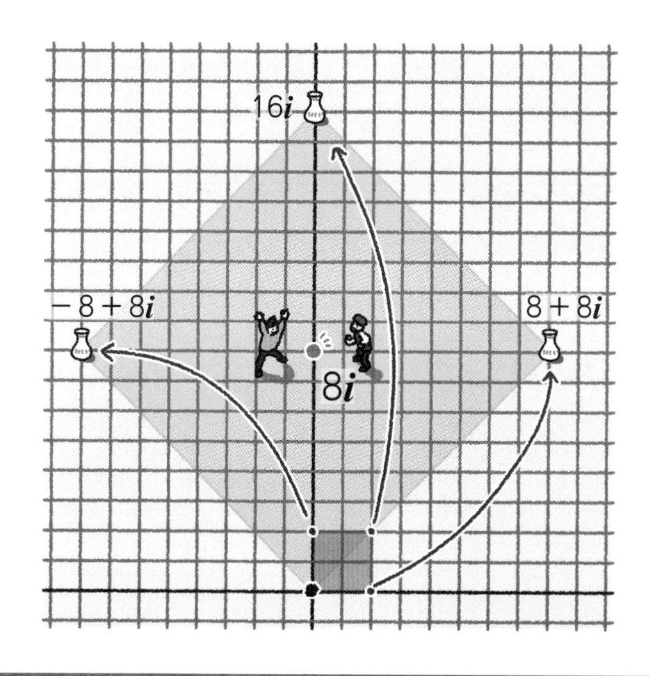

第二の虚数ってないの？

虚数は16世紀につくり出されたんですよね。さらに新しい，「第2の虚数」のような数はないんですか？

アイルランド生まれの数学者で物理学者のハミルトンが，19世紀につくり出した，「四元数」があるぞ。

どんな数なんですか？

それは，1個の実数に，3個の虚数からなる新しい数じゃ。ハミルトンにちなんで「ハミルトン数」とよばれることもあるぞ。

通常の虚数は，iを使ってあらわしますよね。四元数の3個の虚数はどのようにあらわされるんですか

3個の虚数は，i，j，kを使ってあらわされるぞ。ただし，すべての方程式が解をもつためには，複素数があれば十分なんじゃ。それでも四元数は，素粒子物理学のある分野や，人工衛星の姿勢制御技術などに応用されておるぞ。

ウィリアム・ローワン・ハミルトン（1805～1865）

才能あふれるガウス

ガウスの父は労働者、母は読み書きがほとんどできなかった。

しかし、ガウスは子どものころから計算に飛び抜けた才能を示した

3歳で父親の給与計算の間違いを指摘したり、

!?

答えは5050です！

小学校では1+2+3…100の答を一瞬で導いたりした

大学生時代には定規とコンパスだけで正17角形を作図する方法を考案

正5角形の作図法が発見されて以来、2千年ぶりの正素数角形の作図法の発見だった

友人が「彼はヨーロッパ一の数学者になるでしょう」と母親に語ると、母はうれしさのあまり泣き崩れた

母は教育こそ受けていなかったが聡明で、ガウスは自分の才能を母親ゆずりだと考えていた

星の出現を計算

1801年ごろ、
わずかな時間しか見えない星が発見された

24歳のガウスは、その星の軌道を計算
8次方程式を解くといいのか!

多くの天文学者がこれを黙殺したが、予言した時刻にその星が現れた!

ほら現れた!

その功績が認められ、天文台長に

ガウスは死ぬまで天文台を離れなかった。しかし、彼の興味は力学、統計学、電磁気学、など多岐にわたった
母親も97歳で亡くなるまで、この天文台で一緒に暮らした

4. 現代科学と虚数

カルダノは，自ら発明した虚数について，実用上の使い道はない，と考えていました。しかし，現代の科学技術には虚数が欠かせないものとなっています。第4章では，現代科学と虚数の関係についてみていきましょう。さらに，虚数が生んだ「世界一美しい数式」についても紹介します。

極小世界を探求する物理学「量子力学」

虚数を必要とする物理理論「量子力学」が登場

虚数は，自然界の法則を解き明かす物理学の世界で活躍しています。
とはいえ，すべての物理理論に虚数が必要，というわけではありません。ニュートンがつくった「ニュートン力学」や，マクスウェルが確立した「電磁気学」には虚数は必要ありませんでした。また，アインシュタインが発表した「特殊相対性理論」と「一般相対性理論」も，虚数なしで問題なく成り立ちます。**しかしその後，ついに虚数を必要とする物理理論が登場しました。それが「量子力学」です。**

虚数単位iがいきなり式の冒頭に

量子力学とは，原子や電子のふるまいなど，目に見えないミクロの世界の現象を支配する法則のことです。ミクロな世界では，物質や光が粒子と波の性質を同時にもっています（右のイラスト1）。また，ミクロな世界では何もないはずの真空で物質が生まれたり消えたりしています（2）。さらには，一つの物質が同時に複数の場所に存在したり（3），物質が壁をすり抜けたりすることもできます（4）。
その量子力学の基礎をなす方程式が，オーストリアの物理学者エルヴィン・シュレーディンガーがつくった「シュレーディンガー方程式」です。この方程式は，虚数単位iがいきなり式の冒頭に出てきます。

「量子力学」の世界

量子力学が支配するミクロな世界では，物質や光が波と粒子の両方の性質をもっていたり（1），真空で物質が生まれたり消えたりします（2）。そして物質が複数の場所に同時に存在したり（3），壁をすり抜けたりします（4）。

1. 粒子と波の二面性

光を例に粒子と波の二面性をオセロのコマで表現しました。

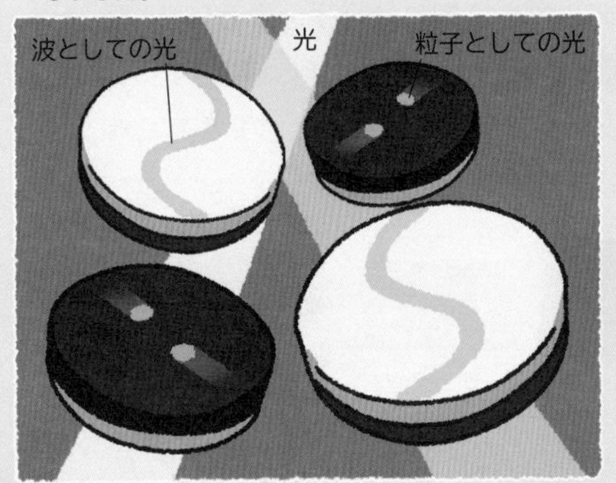

2. ミクロな視点で見た真空

真空は何もない世界ではなく，物質が生まれたり，消滅したりしています。

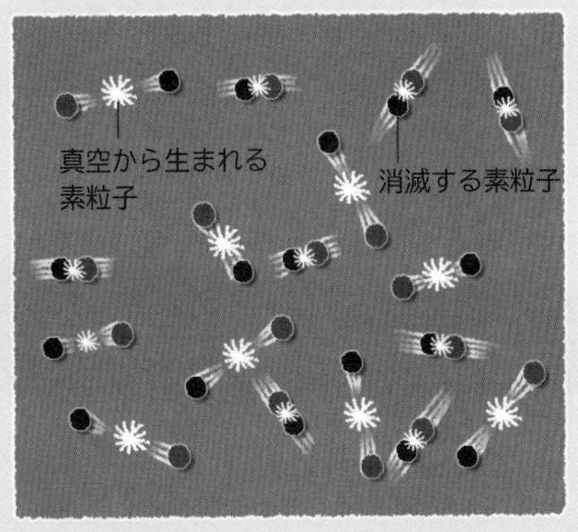

3. 状態の共存

電子が右側にいる状態と左側にいる状態が共存しています。

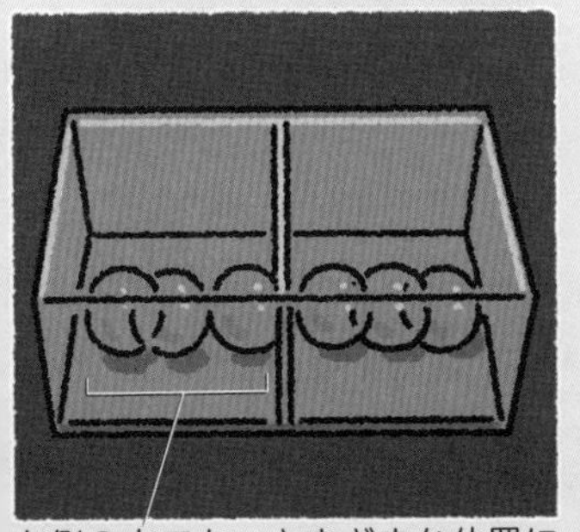

左側の中でも，さまざまな位置にいる状態が共存しています。

4. 壁をすり抜けるミクロな物質（トンネル効果）

ミクロな物質が，壁をすり抜けてしまいます。

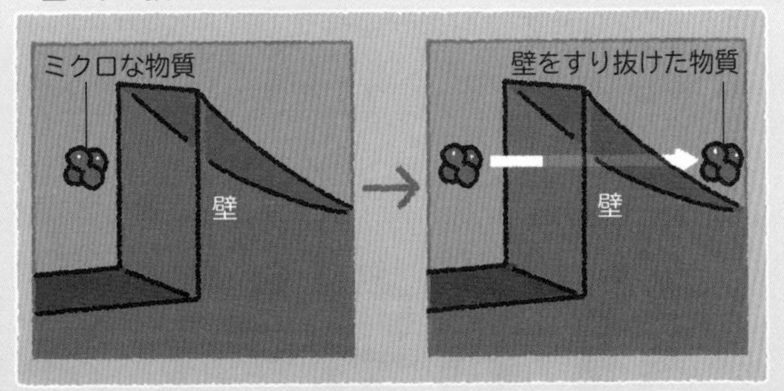

虚数なしには，電子のふるまいが説明できない

計算によって電子がどこで発見されやすいかを知る

最も単純な原子である水素原子（H）は，１個の陽子と１個の電子からできています。**「中心に陽子があり，そのまわりを電子がまわっている」と説明されることが多いのですが，実際には陽子のまわりを“電子の雲”が取り巻いている状態です。**量子力学によれば，観測することなしに１個の電子がどこに存在するかを確定することはできません

虚数が電子を探し当てる

観測なしには１個の電子の位置を知ることはできません。しかし計算によって「どこで発見されやすいか」がわかります。それを実現するのが，シュレーディンガー方程式です。

エルヴィン・シュレーディンガー
（1887～1961）

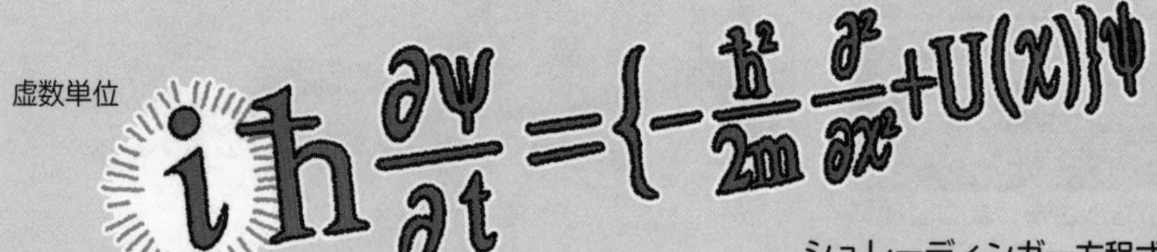

虚数単位
$$i\hbar\frac{\partial\psi}{\partial t}=\left\{-\frac{\hbar^2}{2m}\frac{\partial^2}{\partial x^2}+U(x)\right\}\psi$$
シュレーディンガー方程式

（不確定性原理）。そのかわりに，計算によって，「1個の電子がどこで発見されやすいか」を知ることはできます。

計算には必然的に虚数や複素数が含まれる

具体的に，「電子は陽子からどれほどの距離にあるか」を知ろうとするなら，シュレーディンガー方程式を使って答を求めます。そして，その計算には必然的に虚数や複素数が含まれます。**量子力学は虚数や複素数の存在を前提としてなりたっている物理理論といえるのです。**

量子力学は，現代の科学技術や工学の土台です。量子力学がなければ，携帯電話もパソコンも生まれなかったといってよく，虚数や複素数がなければ，人類は今日の文明を築くことはできなかったのです。

水素原子に含まれる電子の存在位置
（発見確率の分布を粒の密度であらわした）

水素原子

宇宙のはじまりは，物理法則が成り立たない？

「宇宙は膨張している」ことが明らかに

虚数は宇宙のはじまりにも関係しているかもしれません。

アインシュタインの一般相対性理論によって，空間はのびちぢみできるものであることが明らかにされました。ロシアの科学者アレクサンドル・フリードマン（1888～1925）は，一般相対性理論を宇宙にあてはめ，宇宙も膨張や収縮できると主張しました。**そして1929年にアメリカの天文学者エドウィン・ハッブル（1889～1953）は，望遠鏡の観測から「宇宙は膨張している」ことを明らかにしました。**

宇宙のはじまりについての仮説には虚数が登場する

その後，20世紀以降に発達した「宇宙論」とよばれる学問によって，今では次のストーリーが広く支持されています。「われわれの宇宙は，日に日に膨張している。このことは，はるか昔の宇宙が，ごく小さな領域しかもたなかったことを意味する。最新の観測結果を踏まえると，この宇宙は約138億年前にはじまったと考えられる」。宇宙のはじまりとは一体どのようなものでしょうか？ **最高の物理学者の一人がたどりついた仮説には，またしても「虚数」が登場します。**

宇宙論にも登場する虚数

この宇宙は約138億年前にはじまり，その後，膨張をつづけてきたと考えられています。宇宙のはじまりについての最新の仮説にも，やはり虚数が関わっています。

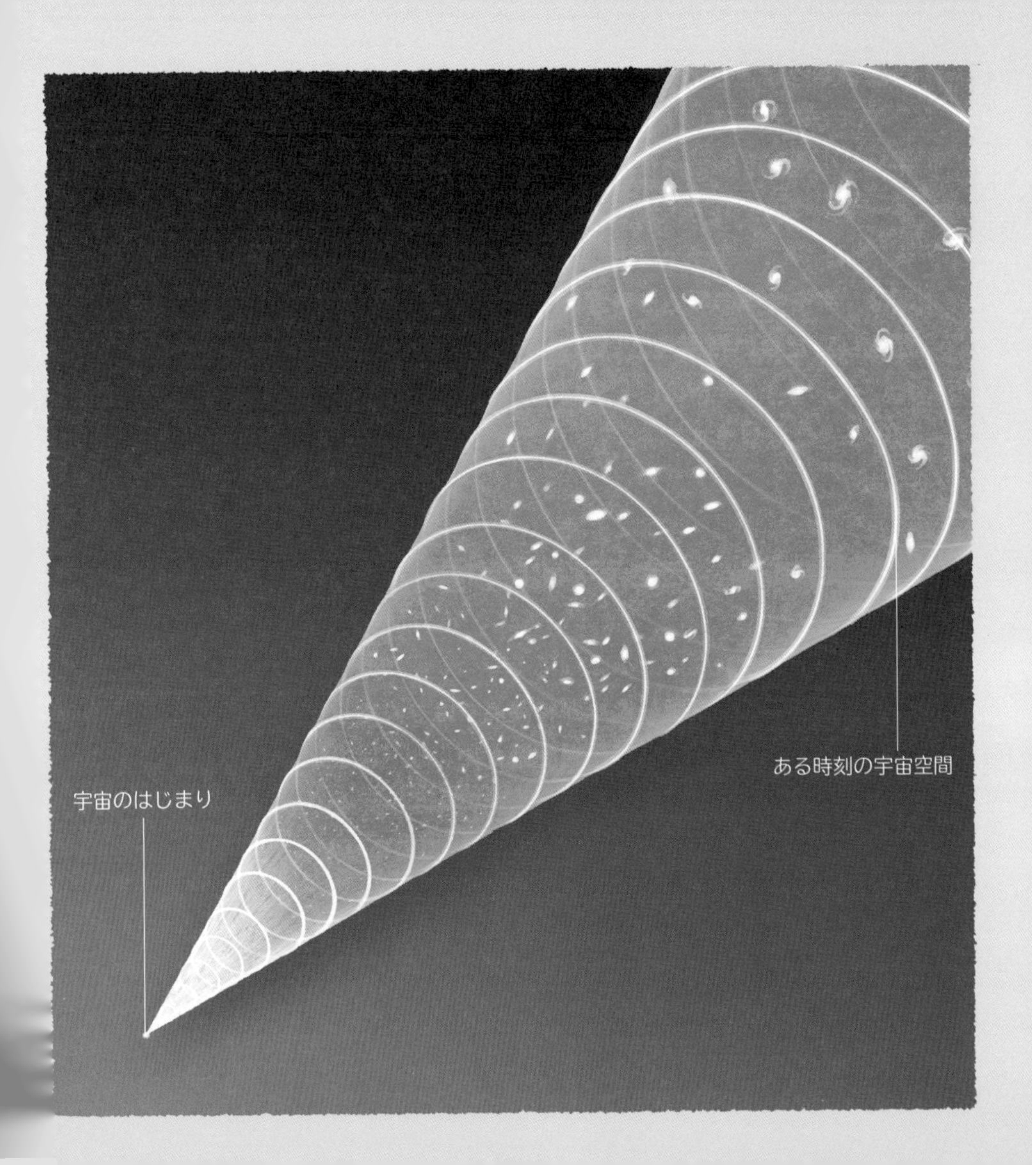

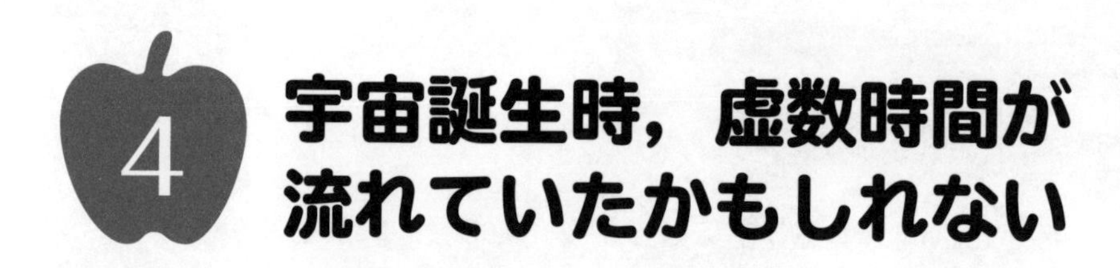

4 宇宙誕生時，虚数時間が流れていたかもしれない

宇宙のはじまりを物理学で説明できるのか

観測することが不可能な「宇宙のはじまり」を，物理学で説明することはできるのでしょうか？　この深遠なるなぞに挑戦したのが，イギリスの物理学者，スティーブン・ホーキング（1942～2018）です。ホーキングは，1960年代に物理学者，ロジャー・ペンローズ（1931～）とともに，「特異点定理」とよばれる定理を証明しました。**この定理は，宇宙全体の歴史をさかのぼると，宇宙全体がつぶれ，物理法則が成り立たない特異点というものに到達する可能性を示すものでした。**その場合，宇宙のはじまりについて学問的に議論することはできないことになります。

虚数時間があったとすれば究極の難問にも答が出せる

そこでホーキングは，ある段階で時間が実数から虚数にうつりかわるとすると，宇宙のはじまりが特異点ではなくなり，物理法則が成立すると主張しました。その真相を確かめるすべはありませんが，重要なことは，「虚数時間があったと想像すれば，究極の難問にも答が出せる」ということです。これこそ，虚数の威力にほかならないのです。

宇宙の誕生にも虚数が？

虚数は，「宇宙のはじまり」という究極の難問にも新たな考え方を提示しました。ホーキングは，そこに虚数時間があったと考えることで，特異点の問題を回避できることを見いだしたのです。

虚数時間で，宇宙のはじまりは“なめらか”になる

虚数時間の考え方にもとづく「無からの宇宙創生論」

アメリカ，タフツ大学のアレキサンダー・ビレンキン（1949～）は，宇宙は空間も時間も何もない「無」から生まれたと考えました。そして，1982年に「無からの宇宙創生論」という仮説を発表しました。この仮説は，虚数時間の考え方にもとづいています。無のゆらぎから誕生した“宇宙のタネ”が，急膨張を開始できるサイズまで大きくなるには，大きなエネルギーが必要です。しかし本来なら，急膨張に転じるためのエネルギーの山をこえられません。**そこで，虚数時間が流れていたとすると，エネルギーの山は，谷へとかわり，宇宙のタネはそれをこえられるのだといいます。**

虚数時間が流れていれば特異点は消える

一方，ホーキングはジェームズ・ハートルとともに，「無境界仮説」を1983年に発表しました。宇宙のはじまりに虚数時間を想定すれば，そこでは時間と空間がまったく対等なものになり，両者の区別がつかなくなります。**この効果によって，宇宙のはじまりが何ら特別な点ではなくなり，一般相対性理論が破たんする「特異点」（とがった点）にならずにすむ，つまり宇宙のはじまりはなめらかになる，というのがホーキングらの無境界仮説の主張です。**

宇宙のはじまりはなめらか

宇宙のはじまりに虚数時間を想定すれば，時間と空間の区別がなくなり，「なめらか」になります。この考え方にもとづいて，ホーキング博士は「無境界仮説」を発表しました。

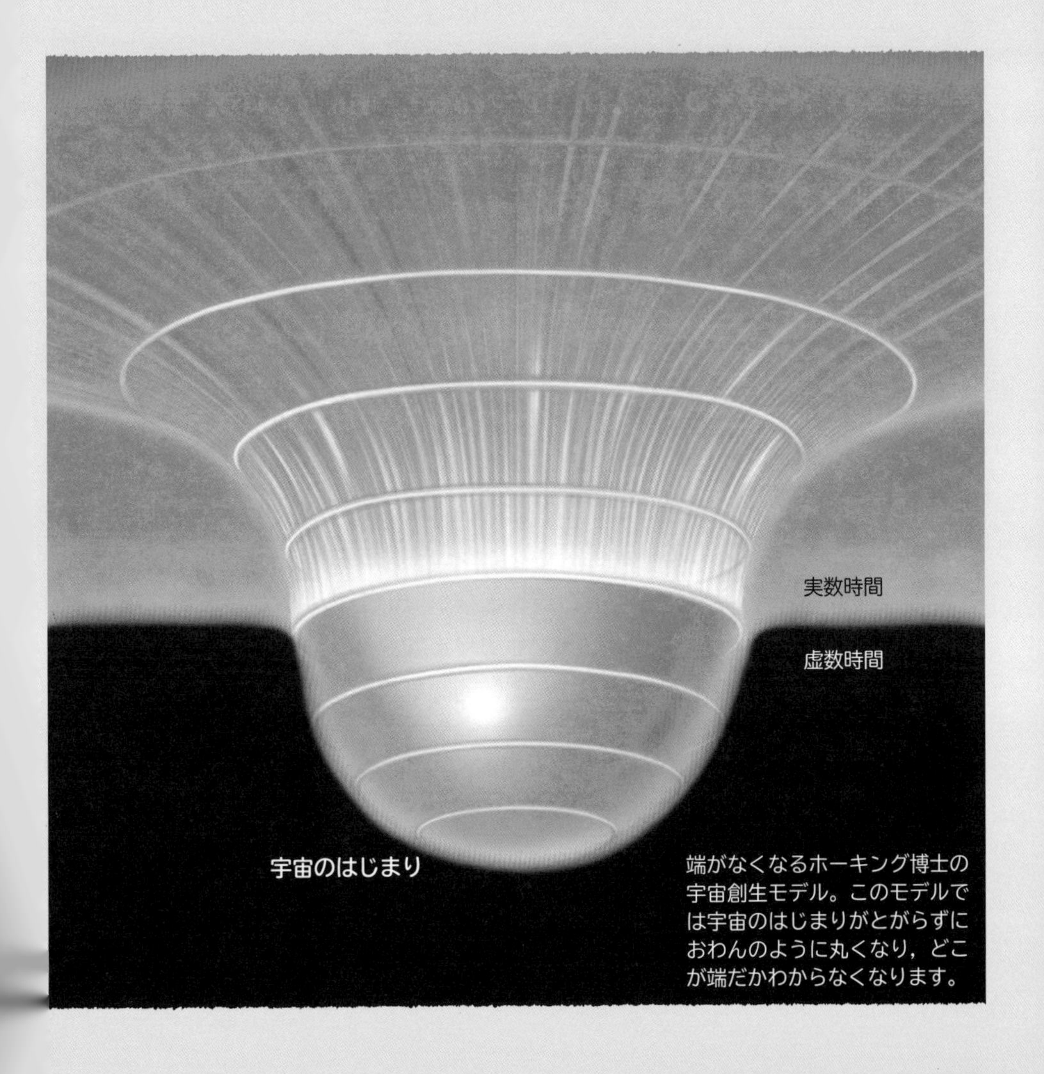

端がなくなるホーキング博士の宇宙創生モデル。このモデルでは宇宙のはじまりがとがらずにおわんのように丸くなり，どこが端だかわからなくなります。

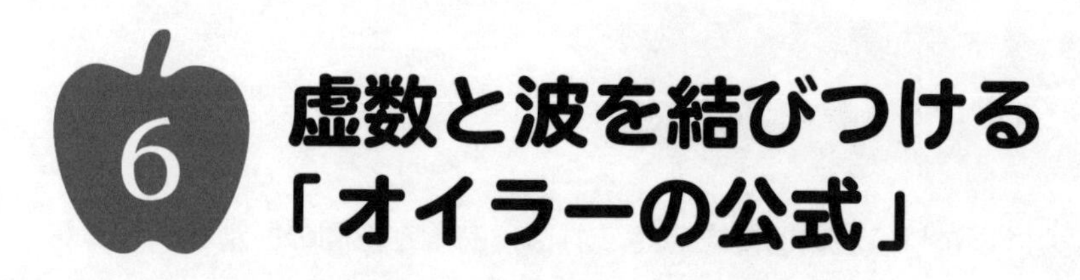

6 虚数と波を結びつける「オイラーの公式」

オイラーの公式には，指数関数と三角関数が登場

ここからは，現代社会で活躍する「オイラーの公式」について紹介します。**オイラーの公式とは，「$e^{ix}=\cos x+ i \sin x$」という，虚数 i が登場する公式です。**この公式は，自然界の波について調べるときに非常に重宝されています。

オイラーの公式を使えば，問題が簡単になる

オイラーの公式では，指数関数(e^x)と$\sin x$，$\cos x$が虚数iによって結びつけられています。$\sin x$や$\cos x$は，三角関数とよばれるものです。右のイラストのように，$y=\sin x$と，$y=\cos x$のグラフは，どちらも波の形をしています。そのため三角関数は，波や振動現象を数学的にあつかうために必須の道具となっています。しかし三角関数は，あつかいがめんどうな関数でもあります。

一方，指数関数は，あつかいが比較的簡単です。**このため，三角関数の計算のかわりに，オイラーの公式を使って指数関数で計算すれば，問題が簡単になる場合がたくさんあるのです。**

今や，科学者や技術者は，あたりまえのようにオイラーの公式を使い，虚数を駆使して楽に答を出しています。

虚数と波を結んだ公式

オイラーの公式には，三角関数の $\sin x, \cos x$ が登場します。$y = \sin x$ と，$y = \cos x$ のグラフは，どちらも波の形をしています。自然界の波をあつかう際には三角関数が欠かせません。オイラーの公式を使えば，波をあつかいやすくなります。

オイラーの公式 $$e^{ix} = \cos x + i \sin x$$

$y = \sin x$ のグラフ

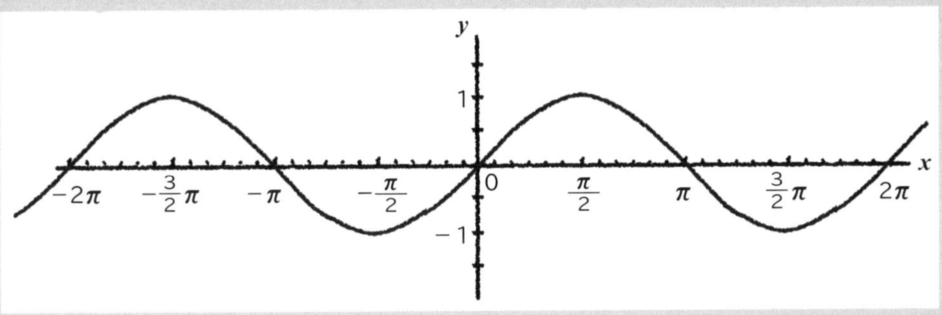

$y = \cos x$ のグラフ

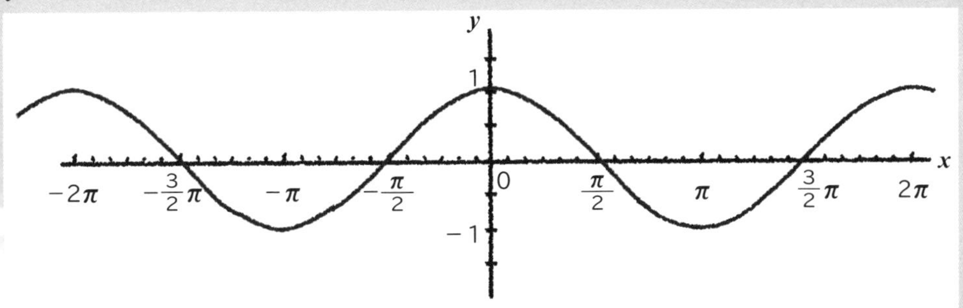

波や波動の解析には，オイラーの公式が欠かせない

オイラーは「無限級数」の研究に取り組んだ

オイラーはどのようにして，オイラーの公式に至ったのでしょうか。

オイラーは，「無限級数」を熱心に研究しました。 無限級数とは，「1^2，2^2，3^2，4^2，5^2……」のように，ある規則をもって無限につづく数の列をすべて足し合わせた答のことです。

指数関数と三角関数が，無限級数であらわせた

オイラーは，指数関数（e^x）や三角関数$\sin x$，$\cos x$などが，無限級数の形になおせることを発見しました。さらにオイラーは，指数関数e^xのxに「ix（虚数倍したx）」を代入する，すなわちeを「虚数乗」するという魔法のような方法で，これらの関数をあざやかに関連づけたのです（右のページ）。

こうして完成したオイラーの公式によって，実数の世界ではたがいに無関係だった指数関数と三角関数が，虚数を含む複素数の世界では，固く結ばれていることがわかったのです。

オイラーの公式をみちびく

指数関数e^xや三角関数$\sin x$, $\cos x$は，無限級数の形であらわすことができます（白線の上）。そして無限級数であらわしたe^xのxにixを代入します。すると，$e^{ix}=\cos x+i\sin x$　をみちびくことができます。

指数関数　$e^x=1+\frac{x}{1!}+\frac{x^2}{2!}+\frac{x^3}{3!}+\frac{x^4}{4!}+\cdots$

三角関数 $\sin x=\frac{x}{1!}-\frac{x^3}{3!}+\frac{x^5}{5!}-\frac{x^7}{7!}+\cdots$

三角関数 $\cos x=1-\frac{x^2}{2!}+\frac{x^4}{4!}-\frac{x^6}{6!}+\frac{x^8}{8!}-\cdots$

指数関数e^xのxに「ix（虚数倍したx）」を代入する，

$$e^{ix}=1+\frac{ix}{1!}+\frac{(ix)^2}{2!}+\frac{(ix)^3}{3!}+\frac{(ix)^4}{4!}+\frac{(ix)^5}{5!}+\cdots$$

$$=1+\frac{ix}{1!}-\frac{x^2}{2!}-\frac{ix^3}{3!}+\frac{x^4}{4!}+\frac{ix^5}{5!}+\cdots$$

$$=\left(1-\frac{x^2}{2!}+\frac{x^4}{4!}+\cdots\right)$$

$$+i\left(\frac{x}{1!}-\frac{x^3}{3!}+\frac{x^5}{5!}+\cdots\right)$$

この実部（グレー）は，$\cos x$に等しく，虚部（ピンク）は，$\sin x$に等しくなります。よって，

$$e^{ix}=\cos x+i\sin x$$

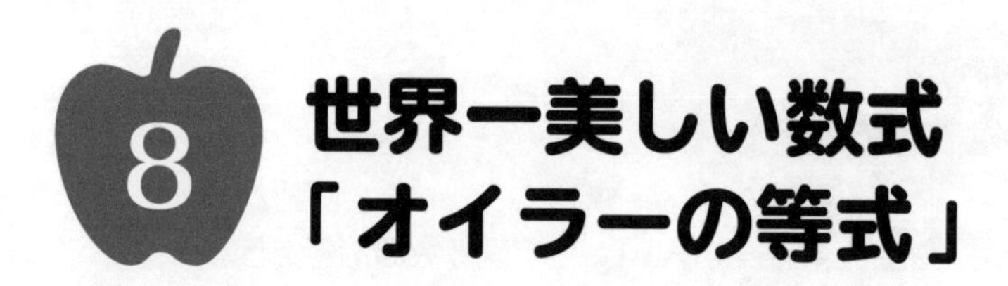

8 世界一美しい数式「オイラーの等式」

オイラーの公式から世界一美しい数式が生まれた

あらためてオイラーの公式「$e^{ix}=\cos x+i\sin x$」をながめてみましょう。この式は，指数関数と三角関数という，生まれもグラフの形もまったくことなるものどうしが，iをかけ橋にして結びついているという，おどろきの事実をあらわしています。**さらにオイラーは，オイラーの公式から，世界一美しいともいわれる数式「オイラーの等式」を導き出しました。**

オイラーの公式のxに円周率πを代入してみると

オイラーの公式のxに円周率πを代入してみましょう。$\cos\pi=\cos 180°=-1$, $\sin\pi=\sin 180°=0$となります。つまり,「$e^{i\pi}=-1$」となるのです。この両辺に1を足せば，「$e^{i\pi}+1=0$」となります。この数式がオイラーの等式です。

オイラーは，「指数関数と三角関数」そして「eとiとπ」という，一見するとまったく関係のなさそうな関数や数の間に，かくれた関係性があることを明らかにしました。この不思議で神秘的ともいえる関係性に，科学者や数学者の多くが，“美しさ”を感じています。

オイラーの等式をみちびく

オイラーの公式から，世界一美しい数式と称される「オイラーの等式」をみちびくことができます。オイラーの公式のxにπを代入します。すると，オイラーの等式$e^{i\pi}+1=0$がみちびきだされます。

$$e^{ix}=\cos x+i\sin x$$ …… オイラーの公式

オイラーの公式に，「$x=\pi$」を代入

$$e^{i\pi}=\cos\pi+i\sin\pi$$
$$=-1+i\times 0$$
$$=-1$$

したがって

$$e^{i\pi}+1=0$$ …… オイラーの等式

虚数が，自然界に関わるのはなぜ？

自然界には有り得ない虚数が，どうして自然界や実在の世界を記述する物理学に出てくるんですか？

確かに不思議な感じがするかもしれんな。じゃが，それはなにも虚数だけの話じゃないぞ。

どういうことですか？

たとえば，「マイナス3個のリンゴ」は自然界に実在するかね。「0キログラムの金塊」はどうじゃ。

確かに実在しませんけど……。

虚数だけじゃなく，マイナスの数も0も，物の個数や数量に対応させることはできないが，必要じゃ。結局，数というものはすべて，自然界を記述するために人間が頭の中につくった概念であり，一種の言語なんじゃよ。そして物理学では，自然界にあらわれる法則を，数学という言語を使って描写しているんじゃな

i

シュレーディンガーの子

シュレーディンガーは自然科学だけでなく、言語学、詩、インド哲学など多方面に興味を持つ少年だった

特にインド哲学には物理学の思考に影響を受けました

1933年ノーベル物理学賞を受賞しました

大学では物理学を専攻。1925年、波動力学を提唱し、量子力学の基礎を築いた

生命にも関心があり、その考察はのちに分子生物学へつながる

生命を物理学的に論じています

私生活では結婚制度を軽蔑、妻以外の複数の女性と3人の子どもをもうけている！

自伝には書いておりません

シュレーディンガーの猫

1935年に発表された「シュレーディンガーの猫」という思考実験がある

思考実験だから実際の猫は無事ですよ

これは閉じられた装置の中の猫が「生きてもいるし死んでもいる」という矛盾を示すもので、当時の量子論の欠陥を示そうとした。

しかし、これがさまざまな解釈を生み、量子力学を発展させた

アインシュタインもこれを称賛している。

現在、この矛盾のようにみえる状態を実現する研究が進んでいて、量子コンピュータの開発に欠かせないものになっている

矛盾がなくなりそうでよかったニャ

Staff

Editorial Management　木村直之
Editorial Staff　井手 亮
Cover Design　岩本陽一
Editorial Cooperation　株式会社 美和企画（大塚健太郎，笹原依子）・青木美加子・今村幸介・寺田千恵

Illustration

表紙	羽田野乃花
3~13	羽田野乃花
15~23	Newton Press，羽田野乃花
25~27	羽田野乃花
29	小﨑哲太郎さんのイラストをもとに羽田野乃花が作成，NewtonPress
31~41	羽田野乃花
43~47	小﨑哲太郎さんのイラストをもとに羽田野乃花が作成，Newton Press
48	羽田野乃花
52-53	Newton Press，羽田野乃花
54~63	Newton Press
65	羽田野乃花
68~77	Newton Press
79	羽田野乃花
81	Newton Press
82-83	Newton Press，羽田野乃花
85~95	Newton Press
96~103	羽田野乃花
107	Newton Press
109	小﨑哲太郎さんのイラストをもとに羽田野乃花が作成，Newton Press
111	吉原成行さんのイラストをもとに羽田野乃花が作成
115	門馬朝久さんのイラストをもとに羽田野乃花が作成
117	Newton Press
119~121	羽田野乃花
123	Newton Press
124-125	羽田野乃花

監修（敬称略）：
和田純夫（成蹊大学非常勤講師，元・東京大学大学院総合文化研究科専任講師）

本書は主に，Newton 別冊『虚数がよくわかる』の一部記事を抜粋し，
大幅に加筆・再編集したものです。

初出記事へのご協力者（敬称略）：
木村俊一（広島大学教授）
和田純夫（成蹊大学非常勤講師，元・東京大学大学院総合文化研究科専任講師）

ニュートン式
超図解 最強に面白い!!
虚数

2020年2月15日発行　2021年7月20日 第2刷

発行人　高森康雄
編集人　木村直之
発行所　株式会社 ニュートンプレス　〒112-0012 東京都文京区大塚3-11-6

ISBN978-4-315-52209-9